国家自然科学基金项目（51304070，51674103）

深部开采
煤自燃规律研究

Shenbu Kaicai
Mei Ziran Guilü Yanjiu

潘荣锟 ○ 著

中国矿业大学出版社

·徐州·

内 容 简 介

本书基于煤矿深部开采过程中存在的煤自燃问题,通过模拟同一开采水平应力集中区煤层或深部高地应力煤层在受采动影响和反复受采动影响过程中赋存的应力状态,开展了原煤在不同初始载荷下卸荷和反复加卸荷应力状态下的升温氧化实验,并对比不同氧化煤样微观结构的演化特性,以探讨深部开采煤层采动卸荷后煤体氧化规律,这对于深部卸荷煤体氧化自燃的防治具有重要意义。本书主要内容包括煤矿深部开采煤自燃研究现状、实验系统及煤样制备、不同初始载荷下卸荷煤体氧化特性、不同漏风条件下卸荷煤体氧化特性、加卸荷煤体氧化特性、不同围岩温度下卸荷煤体氧化特性、不同热气流环境下卸荷煤体氧化特性、采动卸荷煤体氧化特性微观机理、复杂漏风条件下煤体反复氧化与温升特性、高效灭火材料制备及抑制效果、煤自燃火区治理工程实践和煤自燃火区 CO 异常治理技术效果分析等。

本书可供安全工程专业的研究生、本科生使用,还可供相关企业技术人员和科研院所研究人员参考使用。

图书在版编目(C I P)数据

深部开采煤自燃规律研究/潘荣锟著.—徐州:
中国矿业大学出版社,2019.12
ISBN 978 - 7 - 5646 - 4572 - 4

Ⅰ.①深… Ⅱ.①潘… Ⅲ.①煤炭自燃—研究 Ⅳ.
①TD75

中国版本图书馆 CIP 数据核字(2020)第 013750 号

书　　名	深部开采煤自燃规律研究	
著　　者	潘荣锟	
责任编辑	王美柱	
出版发行	中国矿业大学出版社有限责任公司	
	(江苏省徐州市解放南路　邮编 221008)	
营销热线	(0516)83884103　83885105	
出版服务	(0516)83995789　83884920	
网　　址	http://www.cumtp.com　E-mail:cumtpvip@cumtp.com	
印　　刷	江苏淮阴新华印务有限公司	
开　　本	787 mm×1092 mm　1/16　印张 9　字数 225 千字	
版次印次	2019 年 12 月第 1 版　2019 年 12 月第 1 次印刷	
定　　价	35.00 元	

(图书出现印装质量问题,本社负责调换)

前　言

随着我国浅部煤炭资源的逐渐减少甚至枯竭，向深部开采已成为必然趋势。深部同一深度不同应力相对集中区以及不同深度煤层，煤体赋存的应力状态差异显著，均积蓄了大量的弹性应变能。在采动过程中受加卸荷或反复加卸荷作用的影响，煤体积蓄的弹性应变能得以释放，煤体孔裂隙将发育、发展、变形与贯通，加之深部矿井工作面采动裂隙漏风、采空区漏风的影响，煤的吸氧特性和蓄热环境会发生显著变化，从而增大煤体发生自燃的危险性。

为掌握深部开采煤自燃规律，对不同初始载荷下卸荷、反复加卸荷以及不同漏风等条件下煤体氧化自燃特性与微观活性结构之间的关系进行分析，同时对不同条件下煤体微观孔裂隙结构进行实验研究，并将研究成果与现场实践结合进行分析，其成果对深部开采煤自燃的防治具有重要的实践意义。

笔者长期从事煤矿自燃、火灾防治的基础理论和应用技术的研究工作，在充分借鉴国内外相关研究成果的基础上，系统凝练和总结有关深部开采煤自然规律的研究成果，撰写了本书。本书共分为 12 章，内容包括煤矿深部开采煤自燃研究现状、实验系统及煤样制备、不同初始载荷下卸荷煤体氧化特性、不同漏风条件下卸荷煤体氧化特性、加卸荷煤体氧化特性、不同围岩温度下卸荷煤体氧化特性、不同热气流环境下卸荷煤体氧化特性、采动卸荷煤体氧化特性微观机理、复杂漏风条件下煤体反复氧化与温升特性、高效灭火材料制备及抑制效果、煤自燃火区治理工程实践、煤自燃火区 CO 异常治理技术效果分析。

由于笔者水平所限，书中不足之处在所难免，恳请广大读者批评指正。

著　者

2019 年 12 月于河南理工大学

目　　录

1 绪 论

1.1 研究背景及意义

煤炭工业是我国的基础产业,煤炭在我国一次能源生产和消费结构中占据主导地位。随着我国浅部煤炭资源的逐渐减少甚至枯竭,向深部开采已成为趋势。据相关资料[1-5],我国煤矿深部资源开采的深度定界为 800~1 500 m。我国中型及以上矿井平均开采深度已超过 650 m,且以 8~12 m/a 的速度增加;部分矿井开采深度已超 800 m,且已有一批垂深超过 1 200 m 的深矿井。深部开采所处的地质环境复杂,煤岩均处于高地应力、高地温、高孔隙压力和高强度扰动的状态下,加之复杂的漏风环境,致使灾害事故频繁发生,特别是瓦斯突出、冲击地压、火灾、水害等各类灾害将日趋严重。

目前,针对深部开采过程呈现的问题,已开展大量的研究工作,取得了初步的成效,但大多数研究工作都集中于煤岩在"三高"条件下力学性质的变化以及瓦斯突出、冲击地压的动力演化等方面,对深部开采煤自燃特性的研究甚少。然而,在我国煤层自然发火现象是非常严重的。据统计,我国国有重点煤矿中具有易自然发火危险煤层的矿井约占 56%。煤炭自燃是导致矿井火灾的主要因素,90%以上的矿井火灾是由煤炭自燃引起的,煤自燃成为矿井的主要自然灾害之一。同一深度煤层在长期地质作用过程中,普遍发育裂隙构造。从地层而言,煤系地层具有明显的分层性,煤层中存在诸如软夹层、物性不一致的软煤分层,这些层理缺陷的存在破坏了煤层的整体性和连续性[6],形成诸多应力相对集中区。不同深度煤层,煤层所赋存的地应力、地温随深度加深呈线性增加,深部煤体在未开采前积蓄了大量的弹性应变能,而且煤矿开采典型的加卸荷过程主要存在于工作面前方和煤层保护层中。煤层开采时应力变化特征如图 1-1 所示[7],它描述了在工作面推进过程中应力的变化情况,同一位置的煤体在开采过程中应力先增大后减小,邻近煤层中也具有相同的应力变化趋势,渗透率则随之先减小后增大。上述应力相对集中区和深部煤层开采时历经加卸荷和反复加卸荷过程后,煤体积蓄的弹性应变能得以释放,煤体发生流变,煤体的破碎度和塑性增大,煤体中孔裂隙将发育、发展、变形与贯通,加之深部矿井工作面采动裂隙漏风、采空区漏风以及地面抽采引起的采空区负压等综合因素的影响,气体的渗流扩散增强,煤的吸氧特性、热量的积聚释放规律和蓄热环境会发生显著变化。因此,深部开采除了要解决开采装备、支护、瓦斯、冲击地压、地温等问题外,还要解决煤体自燃问题。但由于深部开采煤层赋存环境的特殊性,尤其是煤体赋存于高地应力、高地温、高孔隙压力及高强度开采扰动条件下,深部开采煤层氧化特性、自热自燃过程及其早期预测和防治措施将明显有别于浅部开采煤层,其差异性主要体现为:

(1)深部煤体在高地应力和高强度采动扰动作用下,工作面煤壁、采空区遗煤及工作面围

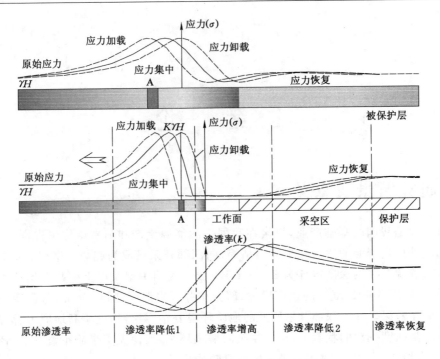

图 1-1 煤层开采时应力变化特征示意图

岩易破碎,煤的孔裂隙发育迅速并贯通,内部通道发达,形成大片松散体,孔隙率增大,煤与 O_2 的接触面增加,煤体自身的耗氧速度和氧化放热强度增强,蓄热环境和能力将发生变化。

(2)在高地应力下,煤体在未开采之前积蓄了大量的弹性应变能,在开采过程中弹性应变能得以释放,发生流变;同时为了避免发生冲击地压,人为降低采掘速度,这会极大地延长煤体的氧化时间,延迟煤体进入窒息区的时间。

(3)深部煤层开采,地温高,煤层长期赋存于高温状态,煤化学活性增强,煤大分子结构(芳香族化合物)活跃,一遇到 O_2,煤不需经历长时间的低温氧化阶段就直接进入自热阶段,从而缩短煤氧化时间和自然发火期。在开采深度近 1 500 m 时,地温将达到煤的自燃临界温度,在该深度开采,煤将直接进入自燃临界温度状态,氧化速度将非常快,在极短时间内可达到燃烧温度点,这对防止煤升温氧化自燃非常不利。目前,德国鲁尔区 Heim 矿最大采深达 1 480 m,煤岩体温度高达 68~70 ℃。我国 800 m 以深的有些矿井煤岩温度已超过 45 ℃,甚至达到 50 ℃。如平顶山天安煤业股份有限公司六矿采深 670~850 m,煤岩温度达到 41~53 ℃,采掘工作面风流温度 32~35 ℃[8];淮南矿业(集团)有限责任公司丁集矿首采工作面采深 970 m,冬天工作面上隅角气温为 46 ℃,夏天温度会更高些。这些数据表明在深部开采过程中,煤层将长期处于亚自燃临界温度状态,其干馏或裂解出的 CO、CH_4、C_2H_4、CO_2 等气体长期赋存在煤体中,一旦煤体被开采暴露于空气中后,对煤自燃早期判识会造成极大的影响。煤自燃的路径是立即进入自热阶段还是保持长期低温氧化等相关问题,目前国内外均未有相关的研究成果,这将对深部开采煤自燃的防治和早期预测判识提出新的研究课题。

诸多学者关于深部卸荷煤体的研究仅着重于煤体的力学特性和渗透率演化规律,而未考虑 O_2 进入煤体渗流通道和微观裂隙内部时引起煤体的氧化自燃问题;同时,目前有关研究煤氧化的实验大多采用颗粒煤,颗粒煤在制样过程中整体性和应力结构不可避免地会遭到破坏,采用原煤研究煤自燃的甚少;另外,有关同一开采水平的应力相对集中区或深部高地应力煤层在开采后与 O_2 接触能力变化特征,目前未见相关报道。基于此,本书通过模拟同一开采水平应力集中区或深部高地应力煤层在受采动影响和反复受采动影响过程中赋存的应力状态,开展了原煤在不同初始载荷下卸荷和反复加卸荷应力状态下的升温氧化实验,并对比不同氧化煤样微观结构的演化特性,以探讨深部开采煤层采动卸荷后煤体氧化规律,这对于深部卸荷煤体氧化自燃的防治具有重要意义。

1.2 国内外研究现状

1.2.1 煤自燃机理

从 17 世纪开始,各国学者就对煤炭自燃这一复杂的放热过程进行了细致的研究。相关学者也提出了多种假说,包括黄铁矿作用、细菌作用、酚基作用、自由基作用、煤氧复合作用等假说。其中,煤氧复合作用假说由于能够合理地解释煤自燃现象,被国内外学者所广泛接受。然而人类探索煤自燃机理的脚步没有停止,随着科学技术的进步,人们通过孜孜不倦的探索与研究又取得了一些新的成果。

进入 20 世纪 90 年代,国内外学者又提出了一些更具体的学说。德希姆(Дрхим)于1990 年提出了电化学作用学说,该学说认为,煤中含有铁的变价离子,组成氧化还原系 Fe^{2+}/Fe^{3+},氧化还原系 Fe^{2+}/Fe^{3+} 在煤的氧化反应中起催化作用,在煤中引起电化学反应,产生具有化学活性的链根,从而极大地加快煤的自动氧化过程,进而引发煤自燃[9]。

李增华[10]提出了煤炭自燃的自由基反应机理。R. R. Martina 等[11]用二次离子质谱法(SIMS)和 X 射线光电子能谱法(XPS)研究了在低温氧化过程中煤表面的 O_2 分布,研究结果进一步支撑了自由基反应机理。D. Lopez 等[12]于 1998 年提出了氢原子作用假说,指出在煤的低温氧化过程中,煤的主要分子基团中氢原子的运动增加了煤中各组分的活性,从而促进了煤的自燃。H. H. Wang 等[13]于 1999 年提出了基团作用理论,该理论模拟了煤中孔隙的树枝状结构,并指出所有有效孔洞都能连接煤颗粒表面,使煤中的每个基团都能与 O_2 充分相互作用并引起煤自燃。

舒新前[14]通过热分析法对不同煤种的自燃进行了深入的研究,指出煤自燃是分阶段的氧化放热反应,并通过差热分析(DTA)和热重(TG)曲线判定了煤炭自燃进程中几个特征温度参数节点。彭本信[15]利用热分析天平和差示扫描量热仪,对不同变质程度煤进行了热重和红外光谱分析,得出了低变质程度煤氧化放热量大于高变质程度煤的结论。张玉龙[16]对煤低温氧化过程中的宏观表现与微观特性进行了对比研究,认为煤和苯环中具有较高活性的—CH_2—是煤自燃的起因,与—CH_2—连接的不同官能团的氧化还原反应不同,导致低温氧化方式和氧化产物的不同。

1.2.2 煤层赋存环境对煤自燃的影响

深部矿井高地温环境对煤体的预热氧化对于煤自燃的影响不容忽视,而且煤的低温氧化是诱发自燃的关键阶段。马汉鹏等[17]利用色谱吸氧法测试了煤样在不同吸附时间、不同环境温度和不同粒度下的物理吸附氧量,分析了煤物理吸附氧的影响因素。文虎等[18]通过分析地温与煤氧化放热性、漏风供氧及蓄热条件之间的关系,探讨了地温对煤炭自燃的影响,得出随着地温的上升煤自燃性增强,从而导致煤自燃危险程度增加的结论。马砺等[19]、邓军等[20]针对深井高地温环境对煤自燃极限参数的影响问题,利用程序升温的方法,进行了煤样在恒温 40 ℃处理后程序升温和常温条件下程序升温的实验设计,研究煤样的自燃特性,得出了煤自燃极限参数的变化规律。邓军等[21-22]、张辛亥等[23]采用煤质分析、傅立叶变换红外光谱仪(FTIR)分析和程序升温实验分别对原始煤样及其二次氧化煤样进行了煤的自燃特性对比研究。结果表明:二次氧化煤样中碳含量减小,氧含量增大,水分减少;而比表面积与孔隙率增大,从而导致与 O_2 发生反应的面积增大,致使氧化反应前期二次氧化过程中产生的 CO 浓度大于一次氧化的。国外学者 J. Sargeant 等[24]利用新南威尔士州煤绝热氧化测试数据研究了不同变质程度煤起始氧化温度对自然发火期的影响,结果表明起始氧化温度分别为 25 ℃和 40 ℃时对自然发火期有非常显著的影响,并且对不同煤种的影响程度不同。起始氧化温度对自然发火期的影响是根据阿伦尼乌斯氧化反应动力学公式的指数确定的,即随着温度的增加,反应速率增加,同时变质程度越高,起始氧化温度对自然发火期的影响越明显。

当煤体开采破碎后,煤结构会发生变化(如裂隙的发育、孔隙率的增加),这会极大地影响热量、O_2、反应生成气体的输运。H. H. Wang 等[25]、R. Pietrzak 等[26]、X. M. Jiang 等[27]、邓军等[28]对采动后煤体处于堆积状态的内部气体、传热传质输送引起的氧化效应进行了讨论。冯酉森[29]进行了煤微观孔隙结构与自燃特性的相关性研究。结果表明:中低变质程度煤,其孔隙体积对吸氧量起主导作用,吸氧量随孔隙体积增大而增大;中高变质程度煤,其孔隙比表面积对吸氧量起主导作用,孔隙比表面积越大煤体吸氧量越大。孟巧荣[30]进行了热解条件下煤孔裂隙演化的显微计算机断层成像(CT)实验研究,得出了从常温到 300 ℃热破裂对孔裂隙的产生起主要作用,300～600 ℃热解对孔裂隙的扩展起主要作用的结论。蒋曙光等[31]为探寻低温氧化过程中不同变质程度煤层气储层煤岩动力灾害的发生机理,通过核磁共振(NMR)和纵(P)波岩石测量系统,监测了不同变质程度煤体在低温氧化过程中内部孔隙孔径和数量的动态变化。H. W. Zhou 等[32]为了描述煤中孔裂隙网络随轴向应力的演化特征,提出了裂隙煤体的类谢尔宾斯基分形模型,揭示了深部煤体的孔裂隙网络及渗透率演化规律。秦跃平等[33]利用程序控温的方法设计了不同粒径影响下的遗煤升温氧化实验,指出不同粒径的煤样氧化速度随着温度升高而增大,粒径较小的煤样耗氧速度增加较快。A. Küçük 等[34]研究了粒径等对不同煤种在低温条件下氧化特性的影响。于水军等[35]、R. K. Pan 等[36-37]、余明高等[38]在总结地质、采掘、通风等外部影响因素的基础上,研究了煤升温氧化热解反应的动力学特性,研发了无机发泡胶凝材料及设备并成功进行了现场应用。

深部矿井在采掘过程中突水现象时有发生,而且煤氧复合反应过程中也有水生成,同时自热过程中的化学反应也需要少量水分参与,因此水分对煤的氧化自燃有很大影响。梁晓瑜等[39]、何启林等[40]研究了含水量对煤的氧化进程的影响,指出水分既可起到阻化作用,也可起到催化作用,尤其是水分在蒸发阶段参与了自由基的形成。H. H. Wang 等[41]、J. Wilcox 等[42]研究了水分、空气湿度等对不同煤种在低温条件下氧化特性的影响。X. C. Li 等[43]建立了水分润湿煤体过程对煤自燃影响的热平衡模型,研究结果表明润湿热促进煤自燃存在一个能使煤升温的含水率范围,其上限是煤刚好被饱和润湿放出最大热量时的含水率,下限是水分蒸发使饱和含水煤的含水量下降到热平衡点时的含水率。

其他赋存条件对煤自燃的影响:周福宝等[44]结合"U+I"形通风方式研究了高位巷风排瓦斯与煤自燃之间的关系。赵聪等[45]利用模糊渗流理论研究了气体在煤体中的渗透特性及对煤自然发火的影响。杨胜强等[46]通过对煤的氧化耗氧和氧化生热的研究,认为采空区煤自燃是一个氧热微循环过程。杨永良等[47]自行设计组建了煤自燃氧化放热强度及导热系数一体化测试实验系统,提出了煤体氧化放热强度的测试方法。

1.2.3　深部煤岩力学特征与渗透特性

潘荣锟等[48]利用渗透-力学耦合特性测定仪,研究了不同卸载状态时 CH_4 在煤体中的渗透行为,发现带围压实验的煤样渗透率均较低,卸载到设定值后渗透率增高,且有效围压越大,渗透率变化越大。R. K. Pan 等[49]研究了重复扰动下煤体孔隙的发育情况,由此分析了煤的氧化规律,得出重复扰动促进了煤体孔隙发育,使得氧化过程更容易进行,增大了煤自燃危险性的结论。孟现臣[50]、闻全[51]结合深部开采现场出现的煤自燃现象,初步分析了深部开采煤自燃原因及防治措施。何满潮和谢和平等从工作面环境温度、巷道变形控制以及采动岩体能量聚集灾变等方面,论述了极限开采深度的概念,给出了极限开采深度范围,并指出深部开采工程中面临的焦点问题是岩石力学问题。

关于煤岩的变形和力学响应的规律,国内外学者取得了大量研究成果。在国外,I. Evans等[52]早在 20 世纪 60 年代就开展了煤的压缩强度的实验研究。D. W. Hobbs[53]、Z. T. Bieniawski[54] 和 R. Atkinson 等[55]也相继研究了煤的强度及三轴压缩状态下的应力-应变规律;I. L. Ettinger 等[56]和 N. I. Aziz 等[57]采用坚固性系数测定法研究了含瓦斯介质条件下煤的强度性质,得出了吸附瓦斯会降低煤样强度的结论。

在国内,尹光志等[58-59]对脆性煤岩在加卸荷途径下变形破坏特征以及变形失稳理论进行了研究,并对含瓦斯型煤和原煤两种煤样的变形及强度特性进行了对比分析,指出型煤煤样和原煤煤样的变形特性和抗压强度具有规律上的共性,只是其力学参数存在显著差异。李彦伟等[60]利用 TAW-2000 型电液伺服岩石力学实验系统对煤岩体进行了不同加载速率下的力学性能测试,得出了煤样的峰值强度随着加载速率的增大呈现先增高后降低的趋势,且加载速率越高,试件轴向载荷增加越快,试件损伤应力出现得越早,试件破坏越快。左建平等[61]基于 3 种典型的煤层开采方式(无煤柱开采、放顶煤开采和保护层开采)对潞安矿业(集团)有限责任公司李村煤矿灰岩进行了同时恒定降围压、变速率加轴压的三轴卸荷实验,获得了不同围压、不同加载速率条件下灰岩的全应力-应变曲线及宏观破坏模式,认为灰岩的破坏模式与达到峰值强度时围压的大小有很大关系,而轴向加载应力路径的影响较小。张军等[62]根据煤矿现场复杂高应力脆性围岩巷道顶板变形、破坏实际,对其岩石试样进行了卸荷破坏三轴实验研究,研究深部复杂高应力脆性破坏围岩的变形、破坏机理及力学特性,为深部脆性围岩巷道支护方案设计和优化提供了有力支持。Y. T. Guo 等[63]对复杂应力路径下金坛煤矿盐岩的力学性质进行了研究。

众多学者也对深部煤岩在加卸荷过程中的渗透特性开展了大量的研究工作。周世宁等[64]、林伯泉等[65]对含瓦斯煤岩的力学特性、渗透特性和蠕变特性进行了系统的研究,着重研究了瓦斯气体压力、煤体吸附性、煤变质程度以及孔隙率与煤体变形之间的关系。孟召平等[66]和王广荣等[67]通过煤岩力学实验研究了煤岩的物理力学性质及煤岩在全应力-应变过程中的渗透规律。在全应力-应变过程中具有明显应变软化现象的煤岩,在微裂隙闭合和弹性变形阶段,煤岩体积被压缩,渗透率随应力的增大而略有降低或变化不大;在煤岩的弹性极限后,随着应力的增加,煤岩进入裂纹扩展阶段,体积由压缩转为膨胀,渗透率先是缓慢增加然后随着裂隙的扩展而急剧增大;在煤岩峰值强度后的应变软化阶段,煤岩渗透率达到极大值,然后急剧降低,峰后煤岩的渗透率普遍大于峰前的。许江等[68]以原煤为研究对象,采用加轴压、卸围压的应力控制方式开展了煤岩加卸荷实验,分析了加卸荷条件下煤岩变形特性和渗透特征的演化规律。

1.2.4 煤自燃研究方法

1924 年,J. D. Davis 等[69]最早提出了煤的绝热氧化实验方法,但因绝热氧化实验周期长,现今主要采用程序升温氧化法取代绝热氧化法。刘乔等[70]基于程序升温法确定了煤层自燃的指标气体,获得了区分煤体低温氧化和快速氧化的临界温度。戴广龙[71]利用煤低温氧化装置和顺磁共振实验,获得了煤在不同氧化温度下生成气体及自由基的变化规律并揭示了煤自热低温氧化规律。张嫣妮等[72]提出了以油浴代替空气介质进行程序升温氧化实验具有更高的实验稳定性。王伟峰等[73]针对煤矿瓦斯异常涌出、局部瓦斯积聚等问题,研究了不同瓦斯浓度对煤样自燃特性的影响。

褚廷湘等[74]通过红外光谱分析了不同温度下氧化煤样的微观结构及特征,获得了煤样在不同低温氧化阶段的基团变化特征,并从微观角度掌握了煤样氧化过程的变化规律。余明高等[75]、张国枢等[76]、琚宜文等[77]采用红外光谱法表征煤中特定活性基团来解释煤自燃微观机理,并构建了特定活性基团的比例模型定量分析煤自燃倾向性。郑庆荣等[78]借助FTIR 分析了中变质程度煤的结构演化规律,指出脂肪烃侧链和芳香烃的竞争作用导致肥煤煤化作用的跃迁。

在研究手段上,除了利用升温氧化实验平台、红外光谱仪、热重分析仪、数值模拟软件等来研究煤自燃特性外,F. A. Bruening 等[79]利用原子力显微镜(AFM)研究了煤氧化后的表面结构和特征。V. Calemma 等[80]把煤置于不同压力的空气中反应 4 h,利用反光显微镜测试氧化样品的反射率,得出了反射率的增加与煤的氧化引起的化学反应有一定关系,氧化程度存在阈值的结论。杨波等[81]利用煤燃点测定仪、比表面积及孔径测试仪和红外光谱仪,研究了弱黏煤在不同温度预氧化条件下的燃点、比表面积、孔径和官能团变化规律。唐一博等[82]利用差示扫描量热法(DSC)、FTIR 分析、X 射线衍射(XRD)分析等手段研究了长期水浸前后不同烟煤的微观结构及自燃特性变化规律,发现经过水浸 30～90 d 后,煤样在低温氧化过程中的活化能降低,且放热量增大,煤中活性基团吸收峰变化显著。

1.2.5 煤自燃研究现状评述

煤氧复合作用假说得到了国内外学者的广泛认可。在研究手段上,主要利用程序升温氧化实验平台、红外光谱仪、热重分析仪等来研究煤自燃特性。从目前煤层赋存环境对煤自燃的影响因素而言,有关煤层所处的高地温环境、开采条件以及煤的含水量、粒度等因素,国内外学者已经取得了大量的研究成果。针对深部高应力煤层开采,相关学者的研究仅注重煤岩的力学特征和渗透特性,未考虑深部煤层开采时孔裂隙变化以及复杂漏风条件下 O_2进入煤体渗流孔道和微观裂隙内部时引起煤体的氧化自燃;同时,目前有关研究煤氧化的实验大多采用颗粒煤,在制样过程中煤的内部结构会受到破坏,采用原煤研究煤自燃的甚少;另外,越往深部开采煤与 O_2接触能力是否越强,深部煤层开采时历经反复加卸荷过程对煤体的氧化特性产生何种影响,目前未见相关报道。

1.3　研究技术路线和主要研究内容

本研究通过模拟深部矿井同一深度不同应力相对集中区煤层以及不同深度煤层在开采过程中所赋存的应力状态和深部矿井复杂的漏风环境,以原煤为实验用煤,开展相关实验研究,探讨深部卸荷煤体氧化自燃特性以及产生氧化特性差异的微观机理。具体的研究技术路线如图 1-2 所示,主要研究内容如下:

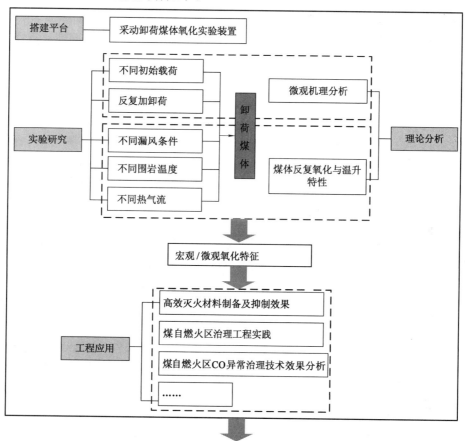

图 1-2　研究技术路线

（1）不同初始载荷下卸荷煤体氧化特性

对煤样分别施加载荷 0 MPa、5 MPa、10 MPa、15 MPa、20 MPa、25 MPa、30 MPa、35 MPa,卸荷后对煤样进行程序升温氧化实验,通过分析各工况下卸荷煤样在程序升温过程中 CO 的产生量以及特征温度的变化规律来确定各初始载荷下卸荷煤样氧化能力;通过 FTIR 实验分析氧化后煤样中芳香烃、脂肪烃、含氧官能团等微观活性基团的动态变化特征,用以验证"煤体与 O_2 的接触能力不同引起煤体微观活性基团的动态变化"这一预想,从宏观与微观实验数据中对比分析其不同的氧化规律。

（2）不同漏风条件下卸荷煤体氧化特性

对不同煤样施加恒定载荷 25 MPa,卸荷后分别通入流量为 60 mL/min、90 mL/min、120 mL/min、150 mL/min、180 mL/min、210 mL/min、240 mL/min 的空气进行程序升温氧化实验,对比分析各煤样升温氧化过程中耗氧速率、CO 浓度、CO 产生速率随煤温和漏风量的变化规律。

(3)加卸荷煤体氧化特性

在恒定载荷 25 MPa,恒定空气流量 150 mL/min 条件下,对煤样反复加卸荷,卸荷后进行程序升温氧化实验,获取反复加卸荷煤样升温氧化生成气体参数的变化规律;对反复加卸荷氧化后煤样进行 FTIR 实验,获取不同工况下氧化煤样中微观活性基团动态演化规律。对比分析宏观气体参数和微观活性基团的变化规律,用以判断深部反复加卸荷煤体发生氧化自燃的难易程度。

(4)不同围岩温度下卸荷煤体氧化特性

采集典型深部开采煤层的煤样,在实验室加压 25 MPa,卸荷之后通入流量为 150 mL/min 的空气,对煤样程序升温,程序升温采用的围岩温度分别为 30 ℃、40 ℃、50 ℃、60 ℃、80 ℃、100 ℃,研究深部开采不同围岩温度下煤体的氧化和蓄热条件,获得深部开采不同围岩温度下卸荷煤体氧化规律。通过 FTIR 实验分析不同围岩温度下卸荷煤样中羟基、含氧官能团、芳香烃、脂肪烃等微观活性基团的变化特征,研究不同煤样宏观气体生成规律与其微观特性变化之间的对应关系,得到不同围岩温度下卸荷煤样氧化过程的微观解释。

(5)不同热气流环境下卸荷煤体氧化特性

对原煤样加卸荷后,通过恒温装置将围岩温度分别恒定为 40 ℃ 和 50 ℃,在不同围岩温度环境下分别向煤体通入不同温度热气流,热气流温度分别设为 30 ℃、50 ℃、60 ℃、80 ℃,流量均设为 150 mL/min,对不同煤样恒温氧化一段时间,对比分析耗氧量、CO 产生速率在不同温度热气流下的变化规律。

(6)采动卸荷煤体氧化特性微观机理

借助 AFM、压汞和低温液氮吸附实验从微观角度研究不同初始载荷下反复加卸荷煤体比表面积、孔体积以及不同孔径段孔体积占比等孔裂隙结构的变化规律;并结合不同条件下煤体宏观氧化自燃特性与微观孔裂隙结构特性的实验分析结果,对比研究不同初始载荷下反复加卸荷煤体氧化自燃特性变化与微观孔裂隙结构之间的相关性,揭示深部采动卸荷煤体氧化自燃特性微观机理。

(7)复杂漏风条件下煤体反复氧化与温升特性

通过大型煤自然发火实验台开展实验,研究持续漏风(风量 0.6 m³/h)、微漏风(风量 0.6 m³/h→0)及间断漏风(风量 0.4 m³/h、1.2 m³/h、0.4 m³/h)条件下煤体氧化过程与温度变化特性,获得在持续漏风、微漏风、间断漏风等不同漏风条件下煤体氧化升温的规律,为指导火区治理过程中采用均压、封堵等减小漏风的措施提供理论依据。

(8)高效灭火材料制备及抑制效果

提出一种新型的防治煤氧化自燃的化学复合添加剂(CCA),分析 CCA 对煤自燃参数的影响,研究 CCA 抑制煤自燃的特性及效果。测试研究 CCA 在不同初始载荷条件下对煤样卸荷后氧化自燃特性的影响;利用 AFM 测定煤样微观结构,研究不同处理作用下煤样微观结构特征;采用 FTIR 测定煤样活性基团含量,研究标记煤样在处理前后微观活性基团类型与数量的变化规律。

（9）煤自燃火区治理工程实践

对某煤矿二盘区大型密闭采空区 CO 形成过程及异常原因进行分析,研究该大型密闭采空区 CO 异常状况、煤自然发火原因、高温点的初步判断。针对大型密闭采空区漏风严重现象,采取均压封堵措施减小漏风;同时确定合理的注氮位置,开展采空区注氮工作,以阻止煤炭氧化的继续进行;在采取持续注氮工作的同时,有针对性地实施注浆技术。

（10）煤自燃火区 CO 异常治理技术效果分析

对均压、封堵、注氮、注浆综合治理 CO 异常技术的效果进行分析,获得密闭采空区在采取灭火措施时,密闭区压差、CO 浓度、O_2 浓度等反映煤自燃情况的指标的变化规律,得出不同技术措施及综合措施的灭火效果。

2 实验系统及煤样制备

为完成深部卸荷煤体氧化特性的实验研究,自主设计、搭建了采动卸荷煤体氧化实验装置。本章将详细介绍实验系统的设计过程、各部分功能、实验过程与步骤以及煤样的选取和制备要求。

2.1 实验系统

2.1.1 背景技术

随着浅部煤炭资源的逐渐减少甚至枯竭,国内外矿山都相继进入深部开采状态。对深部煤炭资源开采过程中的热灾害而言,煤氧化自燃、高温热害和瓦斯燃烧爆炸是必须面临的重要难题。这三种灾害相互演变且错综复杂,即高温热害环境可加快煤体氧化进程和瓦斯解吸的速度,而煤的氧化自燃促使高温热害不断恶化和诱发瓦斯燃烧爆炸事故,瓦斯燃烧爆炸又反作用于煤自燃和高温热害,使灾害进一步扩大。显然,这三种灾害之间相互演变的关键问题是热的演变,而煤氧化自燃在高温热害和瓦斯燃烧爆炸的相互演变过程中起到桥梁作用。目前,有关深部采动卸荷煤体的研究仅着重于煤岩的力学特性和渗透率演化规律,而未考虑 O_2 进入煤体渗流孔道和微观裂隙内部时引起煤体的氧化自燃问题;同时,目前有关研究煤氧化的实验大多采用颗粒煤,在制样过程中煤的内部结构会受到破坏,采用原煤研究煤自燃的甚少;另外,越往深部开采煤与 O_2 接触能力是否越强,目前未见相关报道,且当前未见可供卸荷原煤进行氧化实验的装置。针对上述问题,设计了一种深部采动卸荷煤体氧化实验装置,其结构简单、成本低、安全可靠,不仅能够模拟深部采动煤层赋存的温度和应力环境,长时间进行实验,而且可实现自动化、智能化操作。

2.1.2 实验系统设计

采动卸荷煤体氧化实验装置由气路模块、加卸荷模块、温控加热模块、数据采集模块四部分组成。实验装置如图 2-1 所示。

(1)气路模块

气路模块的运行过程为:空气压缩机向釜体内通入氧化反应所需的空气,经进气阀、流量计可得到稳定、恒定流量的空气,将满足设计流量要求的空气送入釜体(透气垫相当于釜体底部的缓冲区,气体经透气垫可均匀进入煤体);反应后生成的指标气体经导气口、排气阀流入烟气分析仪中。

(2)加卸荷模块

加卸荷模块中釜体设计参数:高度 130 mm,内径 50 mm,外径 70 mm,底部厚度 20 mm;挂耳处高度 20 mm,外径 90 mm;上表面钻有 6 个 M6 螺纹孔,孔深 15 mm;挂耳下方外表面同一垂线每间隔 20 mm 留有 4 个 M6 测温孔,M6 螺纹 K 形热电偶拧入测温孔中

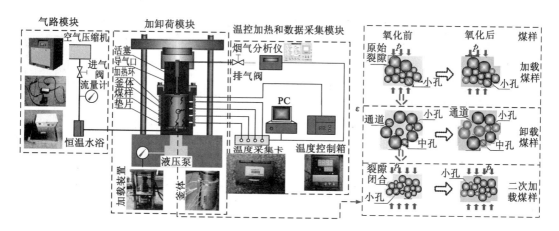

图 2-1　采动卸荷煤体氧化实验装置

可实现对煤体的实时监测。配有压力表的液压压力机最高压力可达到 70 MPa 并恒定,压力机输出的压力经上压盖、活塞传导至煤体,对煤体具有较好的致裂效应。带螺栓的法兰盘对 O 形密封圈的压紧作用和 4 个 M6 螺纹 K 形热电偶对测温孔的拧紧作用使釜体具有较好的气密性。在活塞中心设计导气腔能够更好地收集煤体反应后的气体。加卸荷模块如图 2-2 所示。

图 2-2　加卸荷模块

（3）温控加热模块

温控加热模块由铜制加热圈、温度控制箱和 K 形热电偶构成。铜制加热圈最高加热温度 560 ℃,紧密包裹在釜体四周,可将煤体加热并恒温至深部开采煤层所赋存的地温和围岩温度,可实现单侧加热或全方位加热;温度控制箱中 XMT-808P 程序型仪表可智能设定特定时间段的加热类型:恒温、程序升温、程序降温;K 形热电偶用于连接加热圈和温度控制箱,将温度控制箱输出的电信号传递给加热圈。加热圈、K形热电偶和温度控制箱串联连接,接通电源后,加热圈依照温度控制箱中 XMT-808P 程序型仪表设定的程序对煤体进行程序升温或恒温加热,煤体在 O_2 和温度的耦合作用下发生氧化反应。

(4) 数据采集模块

数据采集模块由温度采集卡、M-9000 型烟气分析仪和 PC 机共同构成。温度采集卡可将 K 形热电偶采集到的煤体热信号转换为电信号;PC 机装载的与温度采集卡匹配的 NI LabVIEW 专用软件可实时记录煤体温度信号;M-9000 型烟气分析仪可同时测量气体温度及烟气中的氧气(O_2)、一氧化碳(CO)、二氧化硫(SO_2)、一氧化氮(NO)、二氧化氮(NO_2)含量和微压(Δp)等参数,计算二氧化碳(CO_2)、氮氧化物(NO_x)含量及空气过剩系数(α)和燃烧效率(η),并具有计算机通信接口(RS232),可实现与计算机联网。

2.1.3 实验过程与步骤

(1) 按图 2-1 所示装置图,安装并调试实验系统。实验系统包括气路模块、加卸荷模块、温控加热模块、数据采集模块四部分,其中实验起始温度设定为室温 25 ℃。

(2) 将制备完整的原煤标准煤样和透气垫依次放入釜体中,将 O 形密封圈套入活塞一同嵌入釜体内部,法兰盘从活塞上端套入紧贴 O 形密封圈,用 M6 不锈钢螺母穿过法兰盘拧入釜体挂耳处 M6 螺纹孔将法兰盘固定。将 K 形热电偶拧入测温孔,安装上压盖。然后将安装好的釜体及反应主体结构放入压力机,为防止加热过程中热量的散失,釜体底部放置耐高温高压的聚四氟乙烯板。

(3) 拧紧压力机卸压孔,对煤样手动加压,施加的载荷以压力表示数为准,恒定某一载荷 12 h 后卸荷。

(4) 启动空气压缩机,打开进气阀和排气阀,将流量计流量调至 180 mL/min,充气 10 min(为了检验气体流通是否顺畅及实验装置气密性)后,插上温度控制箱电源,依照 XMT-808P 程序型仪表预先设定的程序对煤样程序升温加热。

(5) 打开 M-9000 型烟气分析仪,校正无误后,将实验装置的出气孔插入烟气分析仪进气孔,同时打开 PC 机中的 NI LabVIEW 和氧化分析系统软件,设定数据采集频率以后,自动采集煤样温度和生成的氧化指标气体浓度参数。

(6) 实验结束存储实验数据,将氧化后的煤样取出放入自封袋,作为后续实验用煤,清理釜体中煤屑,准备下一组实验。

实验中同一工况至少重复 2 次,对比温度和气体参数数据,确定所采集的数据符合煤体氧化自燃规律及在允许误差范围以内,再展开下一组实验。另外,在实验过程中,应严格按照实验步骤分工操作,并时刻监测流量计的工作状态以及管路、釜体、阀门的气密性,以确保每组实验的安全性和实验数据的准确性。

2.2　煤样的选取与制备

2.2.1　煤样制备过程及要求

实验煤样采自山西省晋城市王台矿 15 号煤层,该煤层为易自燃煤层。煤块选自同工作面同一位置,长 50 cm,宽 25～30 cm,高 16～20 cm,层理、条纹清晰,原生裂隙不明显,表面光滑,微孔中存在部分小颗粒煤,表面用多层塑料薄膜包裹密封,装入尼龙袋运回实验室并密封保存。利用水钻法依照标准尺寸 $\phi 50\text{ mm} \times 100\text{ mm}$ 进行切割,并用电磨进行表面处理,确保煤样不平行度和不垂直度均小于 0.02 mm。将制作的完整煤样放入真空干燥箱中在 30 ℃条件下干燥 48 h,选取 8 块表面没有明显孔裂隙的煤样,分别编号为 A_{00}、A_{05}、A_{10}、A_{15}、A_{20}、A_{25}、A_{30}、A_{35}(下标代表施加初始载荷的大小,MPa),用保鲜膜包裹密封保存待实验用。煤样制作过程如图 2-3 所示。

(a)煤块　　　　　　　(b)煤样制备与加工　　　　　　(c)实验用煤样

图 2-3　煤样制作过程

2.2.2　煤样的力学特性及工业分析和强度参数

(1)煤样的力学特性

为了确定该矿 15 号煤层在受载变形过程中的力学特性,利用煤岩三轴蠕变-渗流-吸附解吸装置对原煤煤样进行了力学测试。原煤煤样的应力-应变曲线如图 2-4 所示。

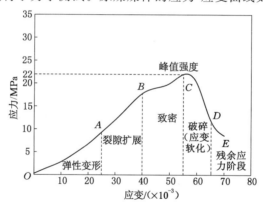

图 2-4　原煤煤样的应力-应变曲线

由图 2-4 可知,该矿原煤煤样的变形阶段分为弹性变形、裂隙扩展、致密和破碎(应变软化)阶段以及残余应力阶段。煤样的弹性变形和裂隙扩展的应力分界点在 9.31 MPa 附近,峰值强度为 22 MPa。

弹性变形阶段(OA 段):此阶段卸荷后煤样几乎能恢复原状,保持原有的完整性,O_2 较难进入煤样内部。

裂隙扩展阶段(AB 段):煤样产生塑性变形,内部微孔孔径变大,在垂直主应力方向上裂隙不断扩展但并未完全贯通。煤样由压缩变为膨胀状态。

致密阶段(BC 段):此阶段虽处于塑性变形阶段,煤样产生塑性变形,但煤样内部微孔闭合,新产生的残缺裂隙受到挤压而产生致密效应。

破碎阶段(应变软化阶段,CD 段):煤样破裂,出现明显的应变软化现象。此时,煤样内部裂隙交错且完全贯通,外表面宏观裂隙较为清晰,煤样渗透率达到最大值。

残余应力阶段(DE 段）：煤样密度变大，内部裂隙被压实，渗透率急剧降低。

（2）煤样的工业分析和强度参数

将实验前新鲜煤样粉碎后，用 0.2 mm 孔径的标准筛筛取 1 g 试样。采用5E-MAG6600 全自动工业分析仪进行测定，并借助煤岩三轴蠕变装置对实验前煤样的单轴抗压强度进行测试。煤样的工业分析和强度参数如表 2-1 所示。

表 2-1　煤样的工业分析和强度参数

$M_{ad}/\%$	$A_{ad}/\%$	$V_{daf}/\%$	$FC_{ad}/\%$	$S_{t,ad}/\%$	单轴抗压强度/MPa
1.83	9.69	43.05	45.43	3.62	22

2.3　FTIR 实验系统

2.3.1　FTIR 测试原理

FTIR 测试的基本原理为：红外光源发射一束光，光束通过分束器分成两束，其中一束透射到运动镜上，另一束反射到固定镜上。两束光束由固定的和移动的反射镜反射，然后返回到分光镜，运动镜以匀速直线运动。由分束器分束的两束光束将形成光程差并产生干涉，形成的干涉光经过样品后到达检测器，然后进行傅立叶变换，最终获得包含样品信息的红外光谱图。

红外光谱是一种由分子能级跃迁产生的吸收光谱。当样品被红外光连续照射时，它将吸收红外光的特定频率光，使分子的振动和旋转水平从基态转移到激发态，从而使得吸收区域红外光强度减弱。因此，不同的基团在红外光谱的不同位置会产生不同的吸收强度，从而产生具有样品信息的红外光谱。基于此，可以获得透过样品之后的红外光的强度与波数或波长之间的关系以及红外光谱[83]。本节 FTIR 实验采用德国布鲁克光谱仪器公司生产的TENSOR-37型傅立叶变换红外光谱仪。实验设备实物图如图 2-5 和图 2-6 所示。

图 2-5　TENSOR-37 型傅立叶变换红外光谱仪

2.3.2　FTIR 实验测试要求

测试要求如下：

（1）将不同围岩温度下卸荷氧化后的煤样制成 150 网目的颗粒，放入真空干燥箱在 30 ℃条件下干燥 24 h 后密封保存。

（2）采用溴化钾（KBr）压片法，使用干燥的 KBr 做稀释剂，将煤样与 KBr 按照 1：100

A—光源/电子腔体;B—干涉仪腔体;C—外光路出口;D—样品腔;E—探测器腔;F—电源腔。

图 2-6 TENSOR-37 型傅立叶变换红外光谱仪主要组成部分

的比例混合,用玛瑙研钵充分研磨 20 min 以上,研磨结束后压片。压片机和玛瑙研钵如图 2-7 所示。

(3)开启红外光谱仪,扫描范围设定为 400～4 000 cm^{-1},扫描次数 32 次,光谱分辨率为 4 cm^{-1}。每个煤样进行 3 次压片测试。

(a)压片机

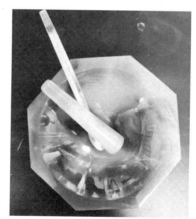

(b)玛瑙研钵

图 2-7 压片机和玛瑙研钵图

3　不同初始载荷下卸荷煤体氧化特性

深部同一开采水平不同应力相对集中区煤层在开采过程中经历加卸荷作用的氧化特性具有何种规律以及越往深部开采煤与 O_2 接触能力是否越强,目前未见相关报道。基于此,本章首先通过不同初始载荷下卸荷煤体在升温氧化过程中气体产物 CO 的产生量以及特征温度的变化规律来进行研究,然后通过 FTIR 实验分析不同煤样中芳香烃、脂肪烃、含氧官能团等微观活性基团的动态变化特征,从宏观与微观实验数据中对比分析其不同的氧化规律。

3.1　实验原理与测试过程

3.1.1　程序升温(氧化)实验原理与测试过程

（1）程序升温实验原理

煤自燃过程是一个多变自加热过程,在极其复杂的过程中伴随着不同的物理和化学变化。其中的物理变化主要是指:煤与 O_2 分子的吸附、解吸作用,水分的蒸发与凝结,热传导,煤体升温以及煤体结构松散等过程;而化学变化主要是指:煤体表面的活性分子与 O_2 发生化学反应,其中伴随着放热、吸热现象,进而产生含氧的不稳定化合物以及多种碳氢化合物。化学反应会使煤体大分子内部的交联键重新排列,从而会改变煤体的物理、化学性质,这种变化可进一步影响煤氧复合反应[84]。煤氧复合反应过程及其放热特性随着温度、煤中孔裂隙以及与空气接触的比表面积等因素的不同而显现出不同的规律。本实验通过程序升温过程,对不同初始载荷下卸荷后煤样分别进行升温加热,以测试不同初始载荷下卸荷煤体 CO、CO_2 产生量等自燃特性参数。

（2）程序升温实验过程及要求

为了研究煤体在不同初始载荷下的氧化特性,从 2.2.1 小节所述制备的标准煤样中选取 8 块作为实验用煤样,进行了 8 组实验。

将标准圆柱形(ϕ50 mm×100 mm)煤样放入钢制釜体中,将法兰盘和 O 形密封圈分别套入活塞的上下两端,用螺母将法兰盘和釜体上端拧紧固定。法兰盘对 O 形密封圈的压紧作用,致使 O 形密封圈变形紧贴活塞外壁和釜体内壁,以保证反应装置的气密性。

依据实验流程依次连接好进出口管路、热电偶等,启动压力机,按照实验方案分别对活塞(煤体)施加压力 0 MPa、5 MPa、10 MPa、15 MPa、20 MPa、25 MPa、30 MPa、35 MPa,加载 12 h 后进行卸荷。

向煤样中通入流量为 180 mL/min 的空气,启动温控加热模块,设定好温度控制箱程序开始程序升温,从室温 25 ℃开始计量,以 1 ℃/min 的升温速率对煤样加热。

开启数据采集模块,PC 机每分钟采集 1 次数据,测试终止温度为 250 ℃,煤样升至此温度时停止实验。

3.1.2　FTIR 实验过程及要求

FTIR 实验过程及要求同 2.3.2 小节。

3.2　实验结果与分析

3.2.1　不同初始载荷下卸荷煤体的氧化特性

以王台矿 15 号煤层为研究对象,分别对煤样施加 0 MPa、5 MPa、10 MPa、15 MPa、20 MPa、25 MPa、30 MPa、35 MPa 的压力,卸荷后进行程序升温实验,采集不同温度时产生的气体,并使用烟气分析仪分析,烟气分析仪对 CO 的灵敏度较高。在煤氧化过程中,煤氧复合作用包括物理吸附、化学吸附和氧化反应[85]。CO、CO_2 是煤氧化反应生成的主要气体,通常作为煤自燃指标气体。故以下着重分析各工况下 CO 产生量和 CO 产生速率变化规律。

（1）不同初始载荷下煤样 CO 产生量变化规律

由图 3-1 可知:施加不同初始载荷的原煤煤样,在卸荷之后,氧化生成 CO 的量（由浓度表征）均随着煤温升高而增大,在反应初期氧化生成的 CO 量变化较小,氧化反应较为缓慢,CO 的产生量较少;后期随着煤温（>110 ℃）升高,煤氧复合反应剧烈,CO 产生量急剧增多。达到实验设定的温度后,各煤样氧化产生的 CO 浓度由大到小顺序为:$A_{25}>A_{15}>A_{20}>A_{30}>A_{35}>A_{10}>A_{05}>A_{00}$,反映出在不同初始载荷赋存环境下,由于卸荷煤样的孔体积、孔径和裂隙形态发生改变,其煤氧复合作用均比原始煤样剧烈,但并非初始载荷越大煤样的氧化能力就越强,氧化能力与初始载荷非线性正相关,而是存在煤样剧烈氧化的临界载荷。

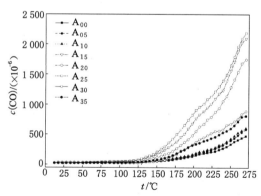

图 3-1　不同初始载荷下煤样氧化产生的 CO 浓度随煤温变化曲线

（2）不同初始载荷下煤样 CO 产生速率和特征温度变化规律

煤体微孔结构的吸附作用和裂隙孔道的渗流作用为氧化反应提供充足的 O_2。处于弹性变形、裂隙扩展之后致密阶段的煤体,其内部的微孔、裂隙的形态和数量各不相同,孔体积和比表面积差异较大,宏观的表现是在特定温度下氧化产生指标气体浓度的变化,该温度称为煤体自燃过程中的特征温度[81]。笔者对不同初始载荷下卸荷煤样氧化产生 CO 的速率和特征温度进一步分析,特征温度反映煤初期氧化的难易程度。基于指标气体增长率分析法获得各煤样氧化过程中产生的 CO 浓度增长率[86]：

$$Z_{CO} = \frac{c_{i+1} - c_i}{c_i(t_{i+1} - t_i)} \tag{3-1}$$

式中，Z_{CO} 表示煤体氧化产生的 CO 浓度增长率；c_i，c_{i+1} 分别为 i 时刻和 $i+1$ 时刻的 CO 浓度，10^{-6}；t_i，t_{i+1} 分别为 i 时刻和 $i+1$ 时刻的温度，℃。

该矿原始煤样(初始载荷 0 MPa)氧化产生的 CO 浓度及其增长率与煤温的关系如图 3-2 所示。

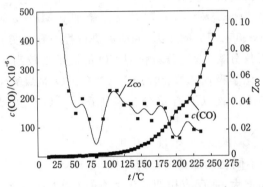

图 3-2　原始煤样氧化产生的 CO 浓度及其增长率随煤温变化曲线

由图 3-2 可见：由传统的指标气体分析法得出，原始煤样氧化时，CO 产生量在 65 ℃ 附近开始增加，该温度为临界温度；在 110 ℃ 附近 CO 产生量大幅度增加，该温度为干裂温度，且曲线呈抛物线形。基于指标气体 CO 的浓度增长率与煤温的关系曲线得出：CO 浓度增长率在 65 ℃ 附近出现第一个拐点，说明煤氧化现象出现了第 1 个极值点，该温度为临界温度；在 110 ℃ 附近出现第 2 个极值点，煤氧化过程进入剧烈反应阶段，此时伴随有 C_2H_4 出现，该温度为干裂温度。两种分析方法得出的特征温度具有良好的对应性。

基于指标气体浓度增长率分析不同初始载荷下卸荷煤体氧化过程中指标气体 CO 的浓度增长率与温升特性。具体结果如图 3-3 所示。

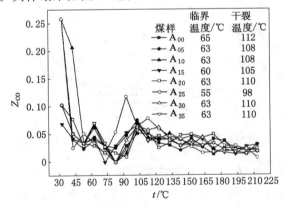

图 3-3　不同初始载荷下煤样氧化产生的 CO 浓度增长率随煤温变化曲线

图 3-3 中不同煤样氧化产生的 CO 浓度增长率曲线存在两个明显的波峰，第一个波峰对应温度为煤氧化的临界温度，第二个波峰对应温度为煤氧化的干裂温度。施加不同初始

载荷煤样的临界温度和干裂温度较原始煤样有所降低,且 A_{15}、A_{25} 煤样特征温度降幅最为显著,表明煤样与 O_2 接触的能力变强,从而间接增强了煤样的氧化能力。

3.2.2　不同初始载荷下卸荷氧化煤样微观活性基团动态变化规律

煤在氧化过程中分子中的活性基团会不断与 O_2 发生复合反应,使得侧链以及桥键断裂形成新的活性基团,数量也有所变化,这就是红外光谱图的峰位和强度变化的原因[87-88]。不同初始载荷下卸荷煤样氧化产生的 CO 量和特征温度的变化是由于煤体与 O_2 的接触能力不同引起煤体微观活性基团的动态变化特征不同,为验证这一预想对 FTIR 实验得到的红外光谱图进行分析。

根据已有的研究成果[78,89-90],可得到不同初始载荷下卸荷后氧化煤样的红外光谱图,如图 3-4 所示。利用红外分析 OMNIC 软件自带的峰面积工具测定各氧化煤样红外光谱图中不同活性基团的峰面积,以便定量分析不同氧化煤样中同一活性基团的含量。各煤样活性基团吸收峰的峰面积如表 3-1 所示。

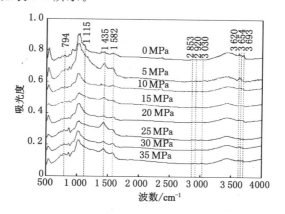

图 3-4　不同初始载荷下卸荷后氧化煤样的红外光谱图

表 3-1　各煤样活性基团吸收峰的峰面积

煤样	波数/cm^{-1}									
	794	1 115	1 435	1 582	2 853	2 920	3 030	3 620	3 654	3 693
A_{00}	1.39	—	6.24	9.75	—	0.09	0.04	4.27	1.41	8.62
A_{05}	1.42	—	7.67	8.95	0.13	0.17	0.09	2.64	0.64	1.18
A_{10}	1.75	—	8.88	7.72	0.15	0.50	0.37	1.13	0.53	0.85
A_{15}	3.22	0.27	19.48	4.75	0.46	0.88	1.15	0.35	0.09	0.16
A_{20}	2.97	—	29.47	1.06	1.11	1.33	0.79	0.68	0.03	0.20
A_{25}	5.64	0.31	15.14	5.03	0.43	0.79	1.99	0.71	0.11	0.24
A_{30}	2.40	2.40	11.25	5.82	0.43	0.73	1.15	0.73	0.05	0.70
A_{35}	1.80	1.80	9.63	6.53	0.20	0.63	0.41	0.83	0.16	0.81

通过对图 3-4、表 3-1 中红外光谱吸收峰形态和峰面积的变化情况进行分析得出,不同初始载荷下卸荷后氧化煤样的微观活性基团呈现一定的变化规律。书中重点分析了卸荷煤样氧化前后芳香烃、脂肪烃、含氧官能团变化规律,具体如下。

芳香烃：波数 700～900 cm^{-1}(794 cm^{-1})处的吸收峰是多种取代芳烃的面外弯曲振动引起的,3 010～3 040 cm^{-1}(3 030 cm^{-1})处的吸收峰是甲基的不饱和伸缩振动引起的。原始煤样在波数 794 cm^{-1} 处的吸收峰较小,在 3 030 cm^{-1} 处无峰。随初始载荷的增加,波数 794 cm^{-1} 处的吸收峰由弱变强,3 030 cm^{-1} 处的吸收峰从无到有,初始载荷为 15 MPa 和 25 MPa 煤样在上述两处吸收峰的峰面积增加显著。芳香烃在波数794 cm^{-1} 处吸收峰的峰面积变化趋势如图 3-5 所示。

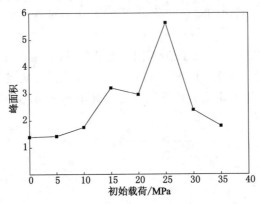

图 3-5　芳香烃在波数 794 cm^{-1} 处吸收峰的峰面积变化趋势

脂肪烃：波数 1 435～1 460 cm^{-1}(1 435 cm^{-1})处的吸收峰产生于甲基的反对称变形振动,是甲基的特征吸收峰,2 847～2 858 cm^{-1}(2 853 cm^{-1})处的吸收峰对应的是亚甲基的对称伸缩振动,2 918～2 921 cm^{-1}(2 920 cm^{-1})处的吸收峰是甲基不对称伸展振动形成的。初始载荷为0 MPa、5 MPa、10 MPa、30 MPa 和 35 MPa 的煤样虽然在波数 1 435 cm^{-1} 处、2 853 cm^{-1} 处和2 920 cm^{-1} 处的吸收峰峰面积均较小,但随初始载荷的增加其峰面积总体上增大趋势明显。波数 1 435 cm^{-1} 处、2 853 cm^{-1} 处和2 920 cm^{-1} 处的吸收峰峰面积在初始载荷为 20 MPa 时达到最大值。可推断随煤样初始载荷的增加,脂肪烃吸收峰峰面积呈先增大后减小的规律。脂肪烃在波数 1 435 cm^{-1} 处吸收峰的峰面积变化趋势如图 3-6 所示。

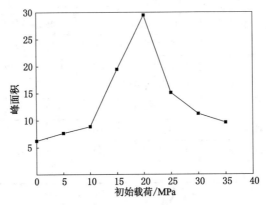

图 3-6　脂肪烃在波数 1 435 cm^{-1} 处吸收峰的峰面积变化趋势

含氧官能团：波数 1 060～1 330 cm^{-1}(1 115 cm^{-1})处的吸收峰对应的是酚、醇、醚、酯氧

键,1 560~1 590 cm^{-1}(1 582 cm^{-1})处的吸收峰是—COO—的反对称伸缩振动形成的,3 610~3 624 cm^{-1}(3 620 cm^{-1})处的吸收峰对应的是以氢键形式存在的羟基,3 624~3 697 cm^{-1}(3 654 cm^{-1}、3 693 cm^{-1})处的吸收峰对应的是游离—OH键,推断为醇、酚和有机酸类。初始载荷为0 MPa、5 MPa和10 MPa煤样发生的氧化反应较为有限,因煤氧化初期脂肪烃含量较少,CO、H$_2$O等气体主要是含氧官能团羟基和羧基受氧攻击后断裂所产生的。当初始载荷达到30 MPa和35 MPa时,煤样的含氧官能团在波数3 620 cm^{-1}、3 654 cm^{-1}和3 693 cm^{-1}处变得几乎无峰,在1 582 cm^{-1}处吸收峰峰面积减小趋势明显。初始载荷为15 MPa和25 MPa煤样随氧化反应的进一步深入,在波数1 115 cm^{-1}处的吸收峰从无到有,此时含氧官能团虽断裂产生CO、H$_2$O,但远不及脂肪烃侧链断裂产生的含氧官能团多,因此含氧官能团含量总体变化趋势是先减少后增多。含氧官能团羟基在波数3 620 cm^{-1}、3 654 cm^{-1}、3 693 cm^{-1}处吸收峰的峰面积变化趋势如图3-7所示,可见不同初始载荷下氧化煤样的羟基吸收峰峰面积均小于原始煤样,且氧化能力最强烈时对应的初始载荷15 MPa和25 MPa下的羟基吸收峰峰面积最小。

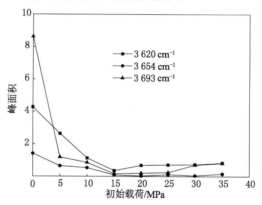

图 3-7 含氧官能团羟基吸收峰的峰面积变化趋势

通过对不同初始载荷下卸荷氧化后煤样进行FTIR分析可知:煤体赋存初始载荷的差异性使孔裂隙形态不同,从而使煤氧接触的难易程度不同,间接影响煤中活性基团的反应活性及种类的变化特征。随煤样氧化程度的加深,芳香烃含量逐渐增多;脂肪烃受氧攻击后含量先增大后减小的规律较为明显;随初始载荷增大,卸荷后氧化煤样的含氧官能团含量总体变化趋势是先减少后增多。同样,对氧化后煤样的微观活性基团含量的定量分析也可揭示不同初始载荷下卸荷煤样的氧化反应程度。

3.3 本章小结

本章为探讨不同初始载荷下卸荷煤体氧化特性,采用程序升温实验、FTIR实验对易自燃原始煤样及不同初始载荷下卸荷煤样进行氧化特性对比研究。结果表明:

(1)不同初始载荷下卸荷煤样比原始煤样更容易氧化,各煤样氧化能力大小为:A$_{25}$>A$_{15}$>A$_{20}$>A$_{30}$>A$_{35}$>A$_{10}$>A$_{05}$>A$_{00}$,煤层赋存初始载荷与煤体的氧化能力非线性正相关,煤样氧化能力随初始载荷的变化曲线呈现出"驼峰"状。

(2) 各初始载荷下卸荷后煤样的特征温度均小于原始煤样的，表明不同初始载荷煤样卸荷后与 O_2 接触能力增强，从而间接使煤样氧化能力增强，尤其 A_{25} 煤样特征温度比原始煤样小 10 ℃，自燃的危险性大大提高。

(3) 煤体赋存初始载荷的差异性使孔裂隙形态不同，从而使煤氧接触的难易程度不同，间接影响煤中活性基团的反应活性及种类的变化。随煤样氧化程度的加深，芳香烃含量逐渐增多；脂肪烃受氧攻击后含量先增大后减小的规律较为明显；随初始载荷增大，卸荷后氧化煤样的含氧官能团含量总体变化趋势是先减少后增多。

(4) FTIR 实验结果与程序升温实验结果相互验证、相互吻合，共同揭示了不同初始载荷下卸荷煤体氧化能力存在差异的微观机理。

4 不同漏风条件下卸荷煤体氧化特性

随着煤炭开采技术的发展以及浅部煤炭资源的减少,矿井开采范围不断扩大,开采深度不断增加,进而导致的漏风严重和高地应力等问题成为新的开采难题,给深部煤炭资源安全高效开采带来了新的挑战[91]。深部煤层赋存初始载荷大,赋存环境温度高,开采强度大,采后煤体孔裂隙易发育、发展、变形与贯通,对煤自燃的发生发展及灾害演变造成极大影响[92]。煤自燃是在井下开采过程中频繁发生的一种灾害,是煤氧化热量不能及时通过裂隙或漏风换热释放出来而不断蓄热升温导致的,甚至会引发瓦斯燃烧或爆炸,这对于矿井火灾的防治非常不利[36,93]。国内外学者针对煤层赋存复杂的漏风环境对煤体氧化自燃的影响作了大量研究,但深部开采时,采动后煤体的氧化能力与漏风量及高温点形成之间的关系,目前鲜见相关报道。因此,漏风量对深部卸荷煤体氧化作用的影响亟须研究。基于第 3 章得出的王台矿 15 号煤层在初始荷载为 25 MPa 卸荷后氧化能力最强的结论,本章在初始载荷 25 MPa 下,对卸荷煤样程序升温,并设定不同的空气流量,研究不同空气流量下卸荷煤体的升温氧化过程及规律,揭示不同漏风环境对煤自燃的影响规律。

4.1 不同漏风条件下卸荷煤体氧化实验过程与要求

(1)实验用煤

从 2.2.1 小节所述制备的标准煤样中选取 7 块表面没有明显孔裂隙的煤样,分别编号为 Q_{60}、Q_{90}、Q_{120}、Q_{150}、Q_{180}、Q_{210}、Q_{240}(下标代表通入的空气流量,mL/min),用保鲜膜包裹密封保存待实验用。

(2)实验过程及要求

本实验为了研究卸荷煤体在不同空气流量条件下的氧化特性,共进行 7 组实验。实验前将加工好的圆柱形(ϕ50 mm×100 mm)试样放入釜体中,调试好实验装置,对每组煤样统一施加压力 25 MPa[94],恒定 12 h 后卸荷,打开通气管路,并开始向釜体中通入流量分别为 60 mL/min、90 mL/min、120 mL/min、150 mL/min、180 mL/min、210 mL/min、240 mL/min 的空气,同时启动温控加热模块,以 1 ℃/min 的升温速率对煤样加热;通过 PC 机 1 min 采集 1 次 CO、O_2 等指标气体参数,实验结束取出煤样并密封保存。

4.2 不同漏风条件下卸荷煤体氧化特性

4.2.1 耗氧速率分析

根据实验测得的煤样进出口 O_2 浓度差,计算出煤样总的耗氧速率,得到耗氧速率随煤温的变化规律。计算公式如式(4-1)[95]:

$$v_{O_2}(t) = \frac{Qc^1(O_2)}{SL} \ln \frac{c^1(O_2)}{c^2(O_2)} \tag{4-1}$$

式中,$v_{O_2}(t)$ 为煤温为 t 时的实际耗氧速率,mol/(cm³ · s);Q 为空气流量,实验分别取 60 mL/min、90 mL/min、120 mL/min、150 mL/min、180 mL/min、210 mL/min、240 mL/min;S 为罐体底面积,cm²;L 为罐体长度,cm;$c^1(O_2)$,$c^2(O_2)$ 分别为煤样进、出口的 O_2 浓度,%,进口为空气,取 $c^1(O_2)=20.9\%$。将通过烟气分析仪测出的出口 O_2 浓度和其他参数代入式(4-1),得到耗氧速率随煤温变化关系,如图 4-1 所示。

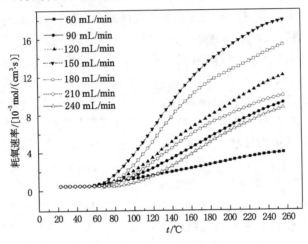

图 4-1　耗氧速率随煤温变化曲线

煤的氧化升温过程是煤样化学吸附和化学反应综合作用的结果,表现为 O_2 浓度的下降。煤的耗氧速率受空气流量、O_2 浓度等因素的影响[96]。由图 4-1 可知,随着煤温的上升,耗氧速率逐渐增大。在空气流量较小的情况下,煤样达到一定温度后其耗氧速率增加趋势较慢。空气流量越小煤样耗氧速率变化起点温度越低,这是因为空气流量小 O_2 供应不足,相对较大空气流量来说其供给的 O_2 量不能满足煤样要达到特定温度的耗氧量要求。当煤温大于 110 ℃时,耗氧速率明显攀升,说明此时煤与 O_2 充分发生化学反应。不同空气流量时,同温度下煤的耗氧速率不同,说明空气流量对煤的耗氧量有很大的影响。图中不同空气流量的曲线变化趋势为刚开始变化均不大,当煤温升高到 85 ℃后,Q_{150}、Q_{180} 煤样的耗氧速率比其他煤样要更大些,且整个升温氧化过程中 Q_{150} 煤样耗氧速率均最大。由此可以看出,在相同的实验条件下,空气流量为 150 mL/min 时煤更易于升温氧化。

4.2.2　CO 产生量与产生速率分析

(1) CO 产生量分析

CO 是煤氧化反应生成的主要气体,通常作为煤矿煤自燃指标气体。实验过程中各煤样氧化产生的 CO 浓度随煤温变化曲线如图 4-2 所示。由图 4-2 可以看出:煤温在 110 ℃之前,随着空气流量的变化各煤样氧化生成的 CO 浓度变化不大,氧化反应较为缓慢,CO 的产生量较低,说明此时影响 CO 浓度的因素为煤温;后期随着煤温升高(>110 ℃),生成的 CO 浓度快速增大,煤氧复合反应剧烈,CO 产生量急剧增多。

在特定实验环境下,煤体达到某一特定温度时,煤与 O_2 充分反应时存在一个最大风量称为当量风量。当达到实验设定的温度后,各煤样氧化产生的 CO 浓度由大到小顺序为:

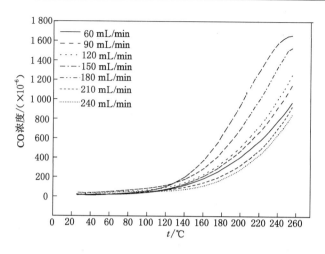

图 4-2　CO 浓度随煤温变化曲线

$Q_{150} > Q_{180} > Q_{120} > Q_{90} > Q_{60} > Q_{210} > Q_{240}$，反映在不同空气流量下（卸荷煤样的孔径和裂隙形态不变的情况下）煤氧复合作用均比原始煤样剧烈，但并非空气流量越大或越小煤样的氧化能力就越强。煤样氧化能力与空气流量非线性正相关，而是存在煤样剧烈氧化的一个当量流量：当空气流量为 60 mL/min、90 mL/min 时，随着煤温的持续上升，CO 浓度增速较为缓慢，说明此时空气流量不能满足煤氧化所需的量。当空气流量为 240 mL/min、210 mL/min 时，随着煤温的持续上升，CO 浓度增速更加缓慢，说明此时空气流量过大，煤与 O_2 接触时间短，风流带走煤体本身氧化产生的部分热量，氧化效率变低。当空气流量为 150 mL/min 时，在同一温度（>110 ℃）下，煤氧化生成的 CO 浓度最大。由此可以判定，在其他条件相同的情况下，空气流量为 150 mL/min 时煤更易于升温氧化。

（2）CO 产生速率分析

煤样的不断氧化使得 CO 的生成量不断增多，煤样的 CO 产生速率与耗氧速率成正比。根据流体流动与传质理论，通过式（4-2）可计算出 CO 产生速率[87]：

$$v_{CO}(t) = \frac{v_{O_2}(t)\left[c^2(CO) - c^1(CO)\right]}{c^1(O_2)\left\{1 - \exp\left[\dfrac{-v_{O_2}(t)SL}{Qc^1(O_2)}\right]\right\}} \qquad (4\text{-}2)$$

式中，$v_{CO}(t)$ 为煤温为 t 时的 CO 产生速率，$mol/(cm^3 \cdot s)$；$c^1(CO)$，$c^2(CO)$ 分别为煤样进、出口处的 CO 浓度，%。

从图 4-3 可以看出，CO 的产生速率随着煤温的升高而增大，且各煤样的增长趋势相似，呈现指数增长趋势。随着煤温的升高，同一空气流量下 CO 产生速率增大，说明温度的变化对 CO 产生速率影响增大，煤自燃的危险性也就增大。当煤温<110 ℃时，CO 产生速率较小，增长趋势缓慢；当煤温>110 ℃时，CO 产生速率增大，增长趋势明显，且空气流量为 150 mL/min 时呈现急剧上升趋势。这说明煤温超过 110 ℃以后，煤氧复合作用强度迅速增大。在温度一定时，各煤样 CO 产生速率与耗氧速率大小顺序相同；实验结束时，Q_{150} 煤样的 CO 产生速率较 Q_{240}、Q_{180} 煤样分别增长了 157%、10%。综合来看，随着温度的升高，CO 产生速率与空气流量非线性正相关，而是存在一个当量流量，即 150 mL/min 时 CO 产生速率增加更加明显，超过或小于 150 mL/min 都会影响 CO 产生速率。这说明空气流量为

150 mL/min时煤具有更高的自燃危险性。

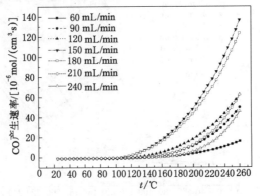

图4-3　CO产生速率随煤温变化曲线

4.2.3　漏风与煤氧化分析

煤矿井下形成复杂的微漏风环境是工作面采动裂隙漏风、采空区漏风、地面抽采导致采空区负压等综合因素导致的。在煤体发生升温氧化期间,根据煤体在不同温度下的耗氧速率、CO产生速率,利用键能估算法可推算出其放热强度,用式(4-3)描述[97]:

$$q(t) = q_a\left[v_{O_2}(t) - v_{CO}(t) - v_{CO_2}(t)\right] + q_{CO}v_{CO}(t) + q_{CO_2}v_{CO_2}(t) \qquad (4\text{-}3)$$

式中,$q(t)$为煤温为t时的放热强度,J/(cm³·s);q_a为煤对氧的化学吸附热,kJ/mol;$v_{CO_2}(t)$为温度为t时的CO_2产生速率,mol/(cm³·s);q_{CO},q_{CO_2}分别为煤氧复合生成1 mol的CO、CO_2放出的平均反应热,kJ/mol。

工作面采动使煤体受应力作用产生裂隙形成主要漏风通道;采空区形成的裂隙很难被完全压实,采空区深部漏风比较严重。对于卸荷煤体而言,煤体的参数是相对固定的,这些参数对氧化升温的影响可以忽略。煤体放热强度主要取决于耗氧速率、CO产生速率、CO_2产生速率,而它们又与漏风量密切相关。在煤体蓄热过程中,由气流带入蓄热体系的热量可以忽略,空气在裂隙间的流动、氧化反应产生的气体和煤自身水分的蒸发会带走部分热量(q_{N_2}、q_{CO}、q_{CO_2}、q_{H_2O})。采空区漏风与煤体升温氧化之间关系如图4-4所示[98]。

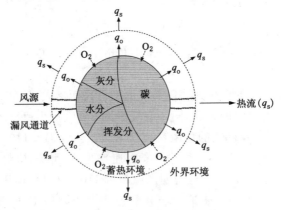

图4-4　采空区漏风与煤体升温氧化临界条件示意

从图4-4可以看出,氧化产生的热量主要是碳与空气中氧的相互反应放热,煤氧化放出的热量提供给蓄热环境。基于实验结果:当空气流量在 $60\sim240$ mL/min 变化时,存在一个当量流量,即 150 mL/min 时,煤体最易于氧化升温。虽然气流可促进煤的氧化,但只有当漏风适中时才能使煤体不断积蓄热量而导致自燃。空气流量过高或过低会使反应热不易积聚或不能供给足够的 O_2 而使蓄热系统中断。

采动后采空区煤体破碎垮落,存在大量遗煤,且采空区不同区域漏风流量不同。对于一个特定的煤层,若工作面供风量不合适,则会导致漏风流量达到一个易于产生煤体氧化自燃的区间。结合文献[85],当采空区的漏风流量为 $0.10\sim0.24$ mL/min 时,遗煤处于自燃带,即易发生氧化自燃。由实验结果可知,当空气流量为 150 mL/min 时,即漏风流量约为 0.19 mL/min,相对而言煤体最易与 O_2 作用。所以当存在漏风时,应根据井下实际情况,最大限度地控制风量,把风量控制在当量流量外,从而避免煤氧作用而氧化形成高温点,这是采取防火措施有效与否的关键。

4.3　本章小结

(1) 在不同空气流量下,随着煤温升高,卸荷煤样氧化产生的 CO 浓度呈指数增长趋势。在煤温为 110 ℃之前,煤样氧化生成的 CO 浓度变化不大,氧化反应较为缓慢,CO 的产生量较小,说明此时影响 CO 浓度的因素为煤温;当煤温大于 110 ℃后,CO 浓度陡增,煤氧复合反应剧烈,CO 产生量急剧增多。

(2) 根据实验结果得出,不同空气流量下卸荷煤样比原始煤样更容易氧化,各煤样氧化能力大小顺序为:$Q_{150}>Q_{180}>Q_{120}>Q_{90}>Q_{60}>Q_{210}>Q_{240}$。当煤温一定时,CO 产生量随着空气流量的递增先增大后减小,表明 CO 产生量受空气流量影响较大,存在一个当量流量使得 CO 产生量达到最大。从对耗氧速率和 CO 产生速率的分析可知,在空气流量为 150 mL/min 时,煤体更容易蓄热升温,具有更高的自燃危险性。

(3) 由于空气流量对 CO 浓度和产生速率的影响,当采空区存在漏风时,应把风量控制在当量流量外。当漏风流量小时,煤氧作用受到抑制;当漏风流量大时,煤氧化热量易流失,从而能抑制煤氧化进程及降低煤自燃危险性。

5 加卸荷煤体氧化特性

同一深度煤层由于地质作用、成分物性非均一性以及煤岩体内部孔裂隙发育程度不一等因素,会形成应力相对集中区。不同深度煤层,煤层所赋存的地应力、地温随深度呈线性增加,尤其是深部煤层在未开采前积蓄了大量的弹性应变能。上述处于应力相对集中区和深部的煤层在开采后积蓄的弹性应变能得以释放,煤体蠕变、破碎,孔裂隙微观结构经开采时的加卸荷过程发育程度千差万别,与 O_2 的接触能力发生变化,氧化特性遂发生改变。第 3 章以王台矿 15 号煤层为例重点研究了不同初始载荷下卸荷煤体氧化特性,得出当初始载荷达到 15 MPa 时,煤样处于塑性变形裂隙扩展阶段,卸荷后与 O_2 接触能力显著增强;当初始载荷达到 25 MPa 时,煤样处于应变软化阶段,卸荷后与 O_2 接触能力最强的结论。根据实验结果,对于同一开采水平,应力相对集中区煤体卸荷后将更易发生氧化自燃,其氧化难易程度与煤体强度、赋存应力存在一定关联;随着煤层埋深增大,地应力增高,采动卸荷后煤体氧化自燃危险程度增大;当煤层赋存应力随埋深达到临界值后,采动卸荷后煤体氧化自燃危险程度将降低。

第 4 章重点研究了恒定载荷 25 MPa 卸荷后,不同空气流量下煤样氧化特性,得出只有当漏风适中时才能使煤体不断积蓄热量而导致自燃的结论。空气流量过高或过低会使反应热不易积聚或不能供给足够的 O_2 而使蓄热系统中断。针对王台矿 15 号煤层,其当量流量为150 mL/min,该流量下煤体更容易蓄热升温,具有更高的自燃危险性。

由图 1-1 知在煤层开采过程中,工作面、工作面前方以及煤层保护层处于加卸荷和反复加卸荷状态。加卸荷次数不同,煤体的破碎程度、孔裂隙的发育程度、煤层保护层形成的漏风裂隙和孔道千差万别,煤体力学性质改变,气体的渗流扩散能力增强,煤的吸氧特性会显著变化。本章基于第 3、4 章研究结论,结合煤体程序升温实验与 FTIR 实验研究初始载荷25 MPa 和恒定空气流量 150 mL/min 下加卸荷煤体的氧化特性。

5.1 反复加卸荷下煤体氧化特性

5.1.1 实验条件和要求

5.1.1.1 实验煤样选取

程序升温实验采用 2.2.1 小节所述制备的标准原始煤样。选取 4 块表面没有明显孔裂隙的煤样,分别编号为 A_0、A_1、A_2、A_3(下标表示反复加卸荷的次数)。将煤样放入真空干燥箱中在 30 ℃ 条件下干燥 24 h,取出后用保鲜膜包裹密封保存待实验用。

FTIR 实验以反复加卸荷氧化后煤样为实验用煤,将其粉碎后筛选出 150 网目的颗粒,放入真空干燥箱中在 30 ℃ 条件下干燥 24 h 后密封保存。

5.1.1.2　实验过程及要求

（1）程序升温（氧化）实验

将标准圆柱形煤样放入钢制釜体中，将法兰盘和 O 形密封圈分别套入活塞的上下两端，用螺母将法兰盘和釜体上端拧紧固定。法兰盘对 O 形密封圈的压紧作用，致使 O 形密封圈变形紧贴活塞外壁和釜体内壁，以保证反应装置的气密性。

依据实验流程依次连好进出口管路、热电偶等，启动压力机，按照实验方案对煤样施加载荷 25 MPa，加载 12 h 后进行卸荷，然后对煤样进行第 2 次加载，12 h 后卸荷，然后第 3 次加卸荷。

加载结束后向煤样中通入流量为 150 mL/min 的空气，启动温控加热模块，设定好温度控制箱程序开始程序升温，从室温 25 ℃ 开始计量，以 1 ℃/min 的升温速率对煤样加热。

开启数据采集模块，通过 PC 机 1 min 采集 1 次数据，煤温达到 250 ℃ 时停止实验。

（2）FTIR 实验

实验过程及要求同 2.3.2 小节。

5.1.2　实验结果及分析

5.1.2.1　反复加卸荷煤样氧化过程中 CO、O_2 变化规律

以王台矿 15 号煤层为研究对象，对原始煤样施加 25 MPa 载荷及恒定空气流量 150 mL/min，分别反复加卸荷 0 次、1 次、2 次、3 次，然后进行程序升温氧化实验。采集不同煤温时产生的指标气体参数，反复加卸荷煤样氧化产生的 CO 浓度随煤温的变化曲线如图 5-1 所示。

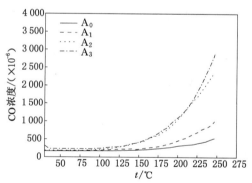

图 5-1　反复加卸荷煤样氧化产生的 CO 浓度随煤温变化曲线

从图 5-1 可知，反复加卸荷煤样程序升温过程中氧化产生的 CO 浓度均高于原始煤样，且随着加卸荷次数的增加，CO 浓度呈现逐渐增大的趋势。其中，在 30～110 ℃，加卸荷 3 次和 2 次煤样比加卸荷 1 次煤样产生的 CO 浓度略高，但较为接近；当煤温大于 110 ℃ 时，加卸荷 3 次和 2 次煤样产生的 CO 浓度相比加卸荷 1 次煤样增幅较大。

由图 5-2 可以发现，反复加卸荷煤样在氧化过程中随煤温升高，O_2 浓度逐渐降低，随加卸荷次数的增加，O_2 消耗量呈现逐渐增加的趋势。随着煤温的升高，反复加卸荷煤样 O_2 浓度均出现突然下降的情况，且随着加卸荷次数的增加，突然下降点对应的温度值逐渐减小。

根据实验测得的煤样进、出口 O_2 浓度差，计算出煤样总的耗氧速率，可得到耗氧速率

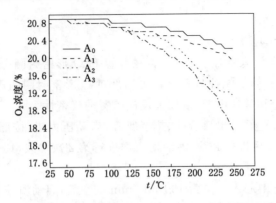

图 5-2　反复加卸荷煤样在氧化过程中 O_2 浓度随煤温变化曲线

随煤温的变化规律。反复加卸荷煤样耗氧速率随煤温变化曲线如图 5-3 所示。

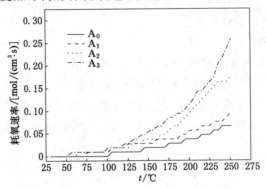

图 5-3　反复加卸荷煤样耗氧速率随煤温变化曲线

根据式(4-2)可得出反复加卸荷煤样 CO 产生速率随煤温变化曲线如图 5-4 所示。

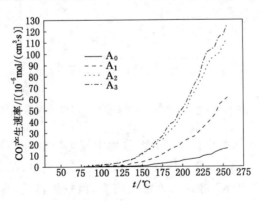

图 5-4　反复加卸荷煤样 CO 产生速率随煤温变化曲线

　　煤样的耗氧速率和 CO 产生速率能够更直观地表征随煤温的变化反复加卸荷煤样煤氧复合反应的剧烈程度。由图 5-3 和图 5-4 可知:反复加卸荷煤样耗氧速率和 CO 产生速率显示出相似的规律,即随着煤温的升高煤氧复合反应的剧烈程度逐渐增强,随着反复加卸荷次数的增加煤样耗氧速率和 CO 产生速率均逐渐增大。由图 5-3 和图 5-4 对比可知:随加卸荷次数的增加,煤样耗氧速率和 CO 产生速率曲线陡然上升时对应的温度值逐渐减小。

5.1.2.2　反复加卸荷煤样氧化过程中微观活性基团变化规律

反复加卸荷煤样的孔裂隙发育程度不同,从而导致煤基质与 O_2 接触能力不同,间接影响煤样氧化自燃难易程度,但不能以此判断煤样是否易燃,还要通过煤中微观活性基团的反应活性及含量的变化来判断煤体氧化自燃的程度[99]。本小节对反复加卸荷氧化后煤样进行 FTIR 实验,揭示反复加卸荷煤样的不同自燃倾向性的微观特性。各工况煤样的红外光谱如图 5-5 所示。

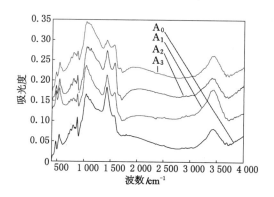

图 5-5　各工况煤样的红外光谱图

实验测得的原始红外光谱中,由于煤中活性基团众多,其吸收带均对红外光谱图有贡献,很容易在某一位置上产生谱峰的干扰与叠加,很难确定吸收峰位及其边界[100],分析结果的准确性受到一定的限制。为了克服这一缺陷,本次分析把组分峰的峰形预设成 Gaussian 函数和 Lorentzian 函数的线性组合,采用仪器自带的红外分析软件 OMNIC 对所得原始红外光谱进行分峰拟合,并计算出每种活性基团的吸收峰面积,这样能够定量、直观地反映煤样的微观活性基团变化特征。

(1) 含氧官能团

羟基谱图分峰拟合图如图 5-6 所示。

煤中含氧官能团包括羟基、醚氧键、羧基、—COO—和 C ═O 键。其中,羟基吸收振动区主要集中在波数 $3\,200\sim3\,697\;cm^{-1}$ 处,包括波数 $3\,580\sim3\,697\;cm^{-1}$ 处游离—OH 键、波数 $3\,610\sim3\,624\;cm^{-1}$ 处—OH 自缔合氢键和波数 $3\,200\sim3\,550\;cm^{-1}$ 处酚醇、羧酸、过氧化物、水的—OH 伸缩振动等;波数 $1\,060\sim1\,330\;cm^{-1}$ 处的光谱对应的是酚、醇、醚、酯氧键;波数 $1\,690\sim1\,715\;cm^{-1}$ 处对应的是羧基的伸缩振动;波数 $1\,560\sim1\,590\;cm^{-1}$ 处对应的是—COO—的反对称伸缩振动;波数 $1\,722\sim1\,780\;cm^{-1}$ 处的光谱对应的是羰基和 C ═O 键。

反复加卸荷氧化煤样含氧官能团吸收峰的峰面积变化如表 5-1 所示。

由图 5-6、图 5-7 和表 5-1 可知:随加卸荷次数的增加,氧化后煤样中羟基含量逐渐减少,酚、醇、醚、酯氧键和—COO—先减少后增多,羧基、羰基和 C ═O 键呈现"有—无—有"的变化趋势。

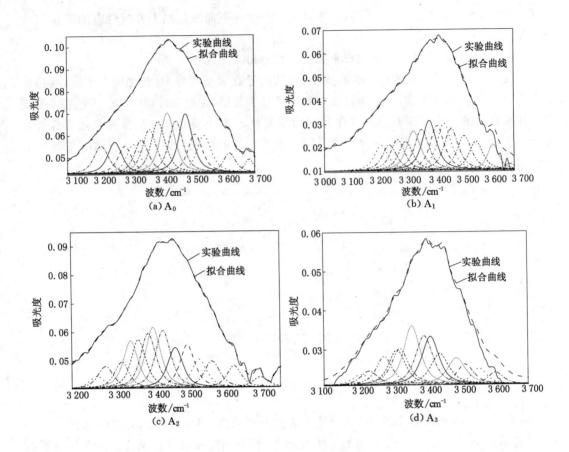

图 5-6 羟基谱图分峰拟合图

表 5-1 反复加卸荷氧化煤样含氧官能团吸收峰的峰面积

煤样	波数/cm⁻¹					
	3 200～3 697	1 060～1 330	1 585	1 690	1 725	1 767
A_0	17.73	36.27	4.16	1.20	0.76	1.21
A_1	17.21	25.57	2.71	—	—	—
A_2	12.77	20.73	1.89	—	—	—
A_3	8.40	25.83	3.16	0.41	0.62	0.39

（2）芳香烃

图 5-7 中，波数 694～711 cm⁻¹ 处对应的是苯环褶皱振动；波数 675～900 cm⁻¹ 处对应的是取代苯类；波数 1 460～1 560 cm⁻¹ 处对应的是 C═C 芳香环；波数 3 032～3 060 cm⁻¹ 处对应的是芳烃—CH基。反复加卸荷氧化煤样芳香烃吸收峰的峰面积如表 5-2 所示。

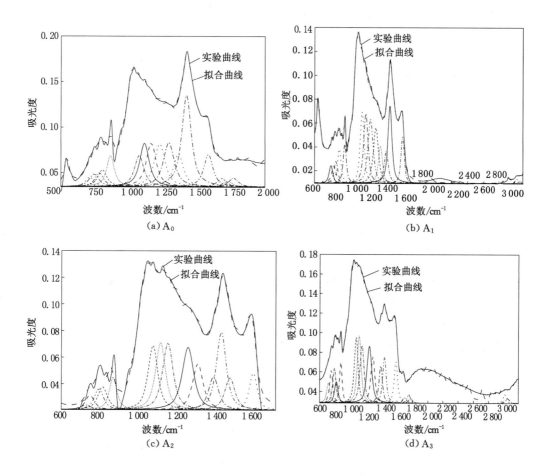

图 5-7　波数 500~3 060 cm⁻¹ 谱图分峰拟合图

表 5-2　反复加卸荷氧化煤样芳香烃吸收峰的峰面积

煤样	波数/cm⁻¹			
	694~711	675~900	1 460~1 560	3 032~3 060
A_0	1.13	4.57	—	—
A_1	1.12	5.80	—	0.39
A_2	1.28	7.17	2.12	—
A_3	1.45	7.83	—	1.06

　　结合图 5-7 和表 5-2 可得:原始煤样和加卸荷 1 次煤样芳香烃含量基本没有变化。整体来看,随加卸荷次数的增加,氧化后煤样中苯环褶皱振动光谱逐渐增强,取代苯类含量逐渐增多。虽然 C═C 芳香环和芳烃—CH 基吸收峰随加卸荷次数增加均经历从无峰到有峰再到无峰的过程,但其含量的增加趋势不变。总之,随加卸荷次数增加,煤样孔裂隙发育明显,破碎程度增大,这间接促进煤氧化进程,从而使氧化煤样芳香烃含量增多趋势逐渐明显。

　　(3) 脂肪烃

　　图 5-7 中,波数 743~747 cm⁻¹ 处对应的是亚甲基平面振动;波数 1 373~1 379 cm⁻¹ 处

对应的是甲基对称变形振动;波数 1 439~1 449 cm^{-1}处对应的是亚甲基剪切振动。反复加卸荷氧化煤样脂肪烃吸收峰的峰面积如表 5-3 所示。

表 5-3　反复加卸荷氧化煤样脂肪烃吸收峰的峰面积

煤样	波数/cm^{-1}		
	743~747	1 373~1 379	1 439~1 449
A_0	2.25	4.52	7.74
A_1	1.69	2.77	5.58
A_2	1.27	2.33	5.00
A_3	0.80	2.15	3.53

由图 5-7 和表 5-3 可知:随着加卸荷次数的增加,氧化煤样中脂肪烃含量逐渐减少。这是因为同一煤样随加卸荷次数的增加,煤样孔裂隙贯通性变好,破碎程度增加,煤样表面可供 O_2 参加反应的突出颗粒的比表面积显著增大,从而使煤样氧化程度增强,脂肪烃受氧攻击后侧链不断被氧化而断裂。

上述单独分析了煤样中含氧官能团、芳香烃和脂肪烃随加卸荷次数的变化规律。综合分析不同加卸荷氧化煤样中微观活性基团知:王台矿无烟煤中羟基和脂肪烃反应活性较高,极不稳定。随加卸荷次数增加,煤样氧化程度逐渐增强,羟基被消耗的同时,脂肪烃侧链断裂形成较多的 C═C 键和芳烃—CH 基,这可能是随着加卸荷次数增加,氧化后煤样芳香烃含量逐渐增多及芳烃—CH 基从无到有的原因;氧化过程中羧基、醚氧键等含氧官能团受氧攻击产生大量的 CO、CO_2 和 H_2O,加卸荷 3 次煤样的氧化反应程度较高,此时一部分脂肪烃受氧攻击,脂肪烃侧链断裂产生酸、酯、醚等含氧官能团,此部分新产生的含氧官能团虽有一部分断开消耗羧基和 CO、CO_2 及 H_2O,但远不及脂肪烃受氧攻击所产生的多,这可解释含氧官能团先减少后增多,以及羧基、羰基和 C═O 键对应的波峰呈现"有—无—有"的现象。

5.2　"加载-卸载-再加载"下煤体氧化特性

煤层开始回采后,煤体要经历多次扰动,从整体来看要经历"加载-卸载-再加载"的扰动过程。采煤工作面开始回采后,受覆岩弯曲、变形、垮落的影响,采场应力重新分布,分为原岩应力区、应力增高区、卸压区和应力恢复区,如图 5-8 所示。对采场煤体而言,从原始状态到采空区,其受力状态大致可以分为加载、卸载和二次加载 3 个阶段。所以,可将采场煤体分为加载煤体、卸荷煤体和二次加载煤体。其中,加载煤体为图 5-8 中Ⅰ所示,即应力增高区及原岩应力区煤体;卸荷煤体为图 5-8 中Ⅱ所示,即卸压区煤体;二次加载煤体为图 5-8 中Ⅲ所示,即应力恢复区煤体。煤体在不同的应力环境下,其破坏程度及内部的孔隙结构是不同的,进而所表现出的氧化特性也不尽相同。因此,开展不同应力状态下煤体的氧化特征研究对于防治煤体自然发火具有实际意义。

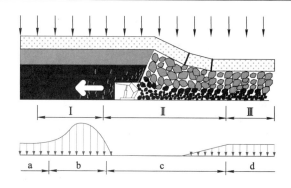

a—原岩应力区；b—应力增高区；c—卸压区；d—应力恢复区；
Ⅰ—加载煤体；Ⅱ—卸荷煤体；Ⅲ—二次加载煤体。

图 5-8 采煤工作面前后支承压力分布图

5.2.1 实验条件和要求

5.2.1.1 煤样采集与制备

实验用煤为河南省某煤矿主采煤层，该煤层为易自燃煤层，采深达 1 000 m。挑选条纹及层理清晰、原生裂隙不明显、表面光滑的煤块。利用水钻法加工成尺寸为 $\phi50$ mm×100 mm 的煤样，并用电磨进行表面处理确保煤样不平行度及不垂直度均小于 0.02 mm。将制作好的煤样置于真空干燥箱中干燥 48 h 以去除水分。选取 3 块表面光滑、没有明显孔裂隙的煤样，分别进行标记编号（B_1、B_2、B_3）并用保鲜膜封存。

5.2.1.2 实验方案

本实验研究加载煤、卸载煤和二次加载煤的氧化特性。实验初始温度和气流温度均设置为室温。共进行 3 组实验，实验方案如下：

（1）将制备的煤样装入实验装置釜体中，固定煤样；对煤样施加不同载荷，加卸载完毕后，启动恒温水浴设备，并通入空气。开启数据采集模块，记录数据，每个煤样实验 6 h 后结束。

（2）煤样的加载方式分别为：B_1 煤样加载至 25 MPa，加载 12 h 后不卸载；B_2 煤样加载至 25 MPa，加载 12 h 后卸载；B_3 煤样加载至 25 MPa，加载 12 h 后卸载，再加载至 25 MPa，加载 12 h 后不卸载。

（3）实验结束后，分别把 3 种煤样在 AFM 上进行扫描，扫描范围为 10 μm×10 μm。在扫描结束之后，运用 NanoScope(R)Ⅲ Version 5.12b48 图像处理软件对扫描结果进行处理和分析。

5.2.2 实验结果和理论分析

5.2.2.1 耗氧速率分析

分别对加载煤样、卸荷煤样和二次加载煤样进行恒温氧化实验，O_2 浓度随氧化时间的变化规律如图 5-9 所示。

由图 5-9 可以看出，随着氧化时间的延长，O_2 浓度整体呈下降趋势。加载煤样随着氧化时间的延长，O_2 浓度下降趋势比较平缓；二次加载煤样随着氧化时间的延长，O_2 浓度较加载煤样下降快；卸荷煤样随着氧化时间的延长，O_2 浓度下降趋势明显快于加载煤样和二次加载煤样。

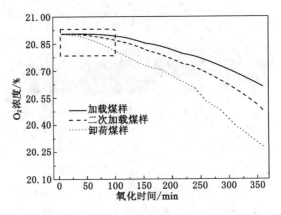

图 5-9　O_2 浓度随氧化时间变化曲线

把图 5-9 中方框区域放大后,如图 5-10 所示。可见,加载煤样氧化反应慢,在 80 min 之前 O_2 浓度几乎无变化,80 min 以后,O_2 浓度逐渐下降,氧化反应逐渐加快;二次加载煤样氧化进行 40 min 以后 O_2 消耗量开始增多;卸荷煤样氧化进行 10 min 后 O_2 消耗量开始增多。

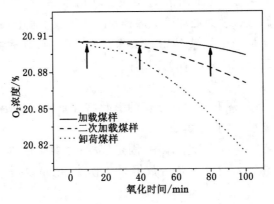

图 5-10　0~100 min O_2 浓度随氧化时间变化曲线

煤的氧化是一个逐级反应放热激活高一级反应的过程,评价煤的氧化进程最适合的指标是煤的耗氧速率。由式(4-1)计算出恒温氧化过程中各个时段的耗氧速率,得到耗氧速率随氧化时间的变化曲线,见图 5-11。

从图 5-11 可以看出,实验煤样耗氧速率与氧化时间呈指数关系,整体呈先缓慢上升后稳定上升的趋势。这是由于在温度较低时,煤样内部主要发生物理化学吸附,当吸附达到平衡状态时,随着温度的升高,煤氧化反应占主导,产生大量耗氧官能团,从而使得耗氧速率不断增大。其中,加载煤样耗氧速率上升趋势比较平缓;二次加载煤样耗氧速率较加载煤样略有增加,但变化不大;卸荷煤样耗氧速率上升趋势明显,氧化反应较加载煤样和二次加载煤样更加迅速。

5.2.2.2　CO 产生速率分析

煤一般在常温下就开始氧化,产生 CO,随着煤温的升高,CO 产生速率增大。因此,选择 CO 的产生速率来研究煤的氧化特性。由式(5-1)可得 CO 产生速率随氧化时间的变化规

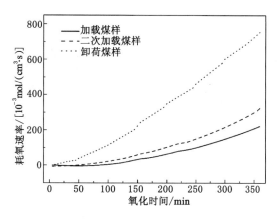

图 5-11　耗氧速率随氧化时间变化曲线

律,见图 5-12。

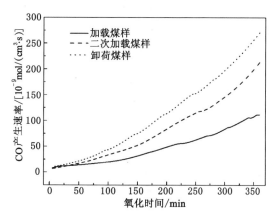

图 5-12　CO 产生速率随氧化时间变化曲线

$$v_{CO}(T) = ae^{bT} \tag{5-1}$$

式中,T 为氧化时间,min;a,b 为常数,a 取 34.158,b 取 0.075 7。

由图 5-12 可知:煤样 CO 产生速率和耗氧速率显示出相似的规律,随着氧化时间的延长煤氧复合反应的剧烈程度逐渐增强。从加载煤样到卸荷煤样再到二次加载煤样,CO 产生速率先增大再减小。

5.2.3　煤样氧化差异性分析

5.2.3.1　煤样孔隙结构演化规律分析

采煤工作面开始回采过程中,煤体的受力环境发生变化,在载荷作用下,煤体内部微观结构产生变化,进而表现出氧化特性的差异。因此,煤体的氧化特性与煤体的孔隙结构密切相关。煤体中小孔和微孔对 O_2 与煤体氧化反应起主要作用。虽然大孔、中孔是 O_2 等游离进出煤体的重要通道,但对煤中 O_2 吸附运移起关键作用的是小孔和微孔。

图 5-13 为煤样在不同承载状态下氧化前后的孔隙结构变化示意图。图 5-13 左侧为煤样在不同承载状态下的氧化装置示意图。煤样在不同承载状态下孔隙结构会发生变化。通过上述实验得出,加载煤样孔隙结构不发育,卸荷煤样和二次加载煤样孔隙结构较加载煤样发育。

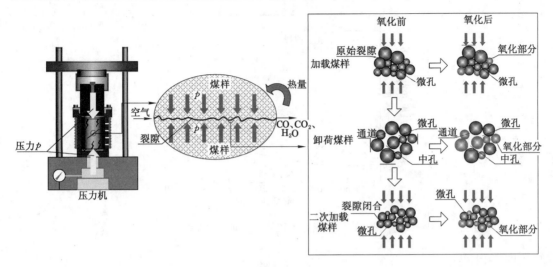

图 5-13　氧化煤样孔隙结构变化示意图

图 5-13 中间部分为煤样氧化示意图。煤样经过不同形式扰动后,孔隙发育,气体渗流扩散性增强,吸氧特性发生变化。气流通过煤样裂隙不断向四周扩散和运动,可加快煤氧化速度和增大煤氧化影响范围,宏观表现为耗氧速率、CO 产生速率不断增大。同时,由于煤样处于良好的氧化蓄热环境,自身氧化产生的热量又不断地反作用于煤样本身,从而加剧煤样的进一步氧化。

图 5-13 右侧为煤样孔隙结构变化示意图。加载煤样较致密,小孔及微孔数量较少,且孔间通道不发育,在载荷作用下,原生裂隙闭合,不利于 O_2 流通,因此 O_2 与煤样接触的面积有限。在图中表现为,加载煤样仅有表面的少量煤体发生氧化,所以加载煤样氧化进程较慢。当加载煤样经过卸荷后,煤样的孔隙结构发生变化,中孔、小孔或微孔数量增多,原生裂隙和加载后产生的裂隙张开,孔间形成通道。在图中表现为,不仅煤样表面发生氧化,而且其内部也发生氧化,O_2 与煤样接触得更加充分,宏观表现为卸荷煤样氧化进程较快。煤样卸载后再进行二次加载,由于煤样具有高泊松比和可压缩的特征,当煤样再次受压后进入压实阶段,孔隙结构进一步发生变化,整体表现为孔隙率减小。在载荷作用下,二次加载煤样微观表现为大孔、中孔发生坍塌,裂隙再次闭合,中孔及小微孔数量较卸荷煤样减少;宏观表现为氧化进程较卸荷煤样慢。

5.2.3.2　煤样孔隙结构差异性分析

经过上述分析可知,加载煤样经过卸载及二次加载后,孔隙特征及氧化特征产生较大变化。造成其氧化特征差异的主要原因是孔隙结构的变化。

卸荷煤样较加载煤样和二次加载煤样氧化进程快,主要是孔隙结构差异造成的。造成其孔隙结构变化的原因为:① 煤样卸载后,存在一定程度的扩容,所以小微孔数量增多;② 煤样卸载后,其内部的原生裂隙和加卸载扰动形成的裂隙张开,孔与孔之间贯通,形成利于 O_2 流通的通道,从而使煤样吸附更多 O_2,加速氧化反应;③ 煤样经过承载后,其中的弱结构破坏,在卸压后,弱结构重新分布,从而造成微小孔及中孔数量增多,进一步加速煤样的氧化进程;④ 煤样在氧化过程中,内部蓄热造成微观结构缩合,进而使其孔隙结构增多。

二次加载煤样较加载煤样氧化进程快,较卸荷煤样氧化进程慢,这与其孔隙结构不同密切相关。造成二次加载煤样孔隙结构变化的原因为：① 煤样经过二次加载后,大颗粒被挤压破坏,填充部分空间,从而减少了中孔或小孔数量;② 大孔或中孔在受力后,周围受压颗粒重新分布或发生坍塌,进一步减小了煤样中孔的数量;③ 随着煤样积聚的热量增多,氧化进程加快,而在此过程中部分小颗粒煤体的软化熔融,表现出一定的流动性,对小孔进行了充填;④ 部分小颗粒煤体受热膨胀,进一步压缩了孔隙结构。

5.2.4　基于应力分布的采场易自燃危险区划分

采煤工作面开始回采后,煤体所处应力环境发生变化。根据矿山压力理论和"O"形圈理论,对不同区域煤体受力情况进行分析,见图 5-14。图 5-14(a)为巷道围岩的应力分布情况,图中斜线阴影区域为应力卸载区域,该区域煤体相当于前述实验中的卸载煤,裂隙发育,容易发生自燃。图 5-14(b)为采煤工作面煤壁前后的应力分布情况,斜线阴影区域煤体相当于前述实验中的卸载煤。煤壁前方斜线阴影区域煤体在支承压力作用下,裂隙发育。煤壁后方斜线阴影区域煤体处于应力降低区内,赋存长度往往达几十米甚至几百米。由于该部分煤体经历过回采扰动,加上应力未恢复,裂隙发育,极易发生自燃灾害。采空区煤体在上覆岩层载荷作用下,受力呈"O"形圈分布,见图 5-14(c)。中间网格阴影椭圆区域为应力恢复区,该部分煤体相当于前述实验中的二次加载煤,在原岩应力作用下,裂隙重新闭合,与 O_2 接触范围小,不易发生自燃。采空区内,网格阴影椭圆以外区域,应力未恢复至原岩应力,煤体裂隙较发育,极易发生自燃。基于采煤工作面内应力分布情况,可对采煤工作面煤自燃危险区进行划分,如图5-14(c)所示,其中斜线阴影区域为煤自燃危险区。

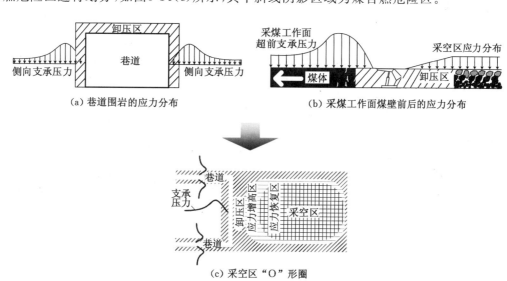

(a) 巷道围岩的应力分布　　　　(b) 采煤工作面煤壁前后的应力分布

(c) 采空区 "O" 形圈

图 5-14　不同区域煤体应力分布情况

在采煤工作面内,整体表现为承载区域煤体孔隙结构不发育,不易发生自燃,而卸压区域的煤体,由于裂隙发育,较易自燃。因此,基于应力分布的自燃危险区划分可作为预防煤炭自燃灾害的一种手段。煤矿可据此进行预判,采取有效的防灭火措施。

5.3 本章小结

本章首先借助程序升温(氧化)实验和 FTIR 实验手段,研究了反复加卸荷煤样氧化特性;然后研究了煤样在"加载-卸载-再加载"各阶段的氧化特征,并对其孔隙结构演化进行了分析,基于应力分布对采煤工作面易自燃危险区进行了划分。得出以下主要结论:

(1) 反复加卸荷煤样程序升温氧化过程中 CO 的产生量以及产生速率、耗氧速率均较原始煤样要高,且随着加卸荷次数的增加上述指标气体参数值逐渐增大,加卸荷 3 次煤样相比加卸荷 2 次煤样增加幅度较小。

(2) 随着煤温的升高,反复加卸荷煤样氧化过程中 O_2 浓度和耗氧速率出现"突然下降"和"陡然上升"的情况,且随着加卸荷次数的增加,突然下降点对应的温度值逐渐减小。

(3) 利用红外分析软件 OMNIC 对反复加卸荷氧化后煤样的红外光谱图进行 Gaussian 和 Lorentzian 拟合。由拟合曲线和吸收峰的峰面积对比分析知:随加卸荷次数增加,氧化程度逐渐增强,煤中芳香烃含量逐渐增加;羟基含量逐渐减少,酚、醇、醚、酯氧键和—COO—先减少后增多,羧基、羰基和 C═O 键呈现"有—无—有"的变化趋势;脂肪烃因受氧攻击含量逐渐较少,侧链断裂一部分生成 CO、CO_2 和 H_2O,一部分产生酸、酯、醚等含氧官能团。

(4) 深部采掘工作面前方煤层、保护层以及相邻近距离煤层受重复采动的影响,孔裂隙再发育贯通性增强,采掘以后破碎程度增大,氧化能力增强,发生氧化自燃的潜在危险性增强。

(5) 随着煤样氧化时间的延长,O_2 浓度整体呈下降趋势,耗氧速率和 CO 生成速率整体呈上升趋势。通过 100 min 以内的 O_2 浓度变化趋势可知,加载煤样、卸荷煤样和二次加载煤样开始氧化反应时间分别为 80 min、10 min 和 40 min。卸载煤样的氧化能力较加载煤样和二次加载煤样强,且二次加载煤样氧化能力略大于加载煤样。

(6) 解释了不同受力环境下煤样的氧化特征差异性。孔隙结构是影响"加载-卸载-再加载"三个阶段煤样不同氧化特性的重要因素。其中,微小孔的数量直接影响煤样的氧化特性,大孔及中孔在载荷作用下容易形成孔间贯通的重要通道,进而加速煤样的氧化。

(7) 基于采煤工作面煤体的应力分布规律,并结合实验分析结果,对采煤工作面易自燃危险区进行划分。这对预防矿井煤自燃灾害具有积极意义。

6 不同围岩温度下卸荷煤体氧化特性

深部煤炭开采过程中将面临围岩初始载荷大、温度高的问题。采后煤体结构发生变化，氧化蓄热条件较好，氧化自燃特性改变。所以本章采用自主搭建的程序升温装置进行实验，通过模拟深部煤体所处的高温环境，来研究不同围岩温度下卸荷煤体的氧化特性。在实验过程中测定煤样随温度上升过程中的气体产生量，并计算它们的变化率。根据实验结果分析不同围岩温度条件下卸荷煤体的氧化规律。

6.1 实 验 过 程

（1）程序升温（氧化）实验过程及要求

本实验为研究卸荷煤体在不同围岩温度条件下的氧化特性，从2.2.1小节所述制备的标准煤样中选取 6 块作为实验用煤样，共进行了 6 组实验。实验装置如图 2-1 所示。实验过程如下：

① 煤样准备：为减少水分对实验的影响，将原始煤样在真空干燥箱中于 30 ℃条件下干燥 24 h，结束后迅速取出煤样用自封袋保存，并进行编号记录。

② 煤样加卸载与设备调试：实验前对釜体进行清理，并依次将煤样、透气垫装入釜体，将 O 形密封圈套入活塞嵌入釜体并进行加固。将 K 形热电偶拧入测温孔，用于控制釜体温度。对煤样施加 25 MPa 载荷，12 h 后卸荷。将气体管路、空气压缩机、烟气分析仪、流量计、温度传感器等按要求连接，并对气密性进行检查。

③ 实验开始：将 N_2 流量设为 150 mL/min，设定围岩温度（30 ℃、40 ℃、50 ℃、60 ℃、80 ℃、100 ℃），当煤样温度达到设定温度后，将 N_2 迅速切换为空气（流量为150 mL/min），然后进行程序升温实验，升温速率 1 ℃/min。通过 PC 机 1 min 采集 1 次数据，煤温达到 250 ℃实验结束。

（2）FTIR 实验过程及要求

FTIR 实验过程及要求同 2.3.2 小节。

6.2 不同围岩温度下卸荷煤体氧化实验结果分析

6.2.1 耗氧速率分析

通过测定 O_2 浓度数据，得到在程序升温过程中 O_2 浓度随煤温的变化曲线如图 6-1 所示。

煤氧的化学反应在宏观上表现为不可逆的连续耗氧。通常用耗氧速率来反映煤与氧发生化学反应的能力。假设风流在釜体的轴向流动均匀恒定，反应前后煤样的体积不变。根

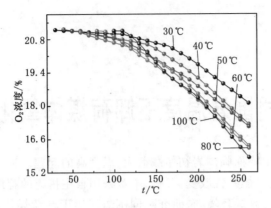

图 6-1 O_2 浓度随煤温的变化曲线

据实验测得的煤样进出口 O_2 浓度差,计算出煤样总的耗氧速率,得到耗氧速率随煤温的变化规律,如图 6-2 所示。

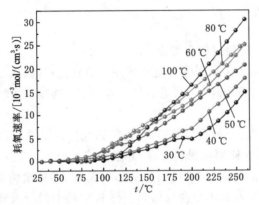

图 6-2 耗氧速率随煤温变化曲线

煤的升温氧化过程是煤的化学吸附和化学反应综合作用的结果,表现为 O_2 浓度的下降。煤的耗氧速率受气体流量、温度变化、O_2 浓度等因素的影响。由图 6-1 和图 6-2 可知:随着煤样温度的上升,各煤样 O_2 浓度不断减小,耗氧速率不断增大,且不同围岩温度下 O_2 浓度和耗氧速率表现为不同的变化趋势,说明深部围岩温度的变化对煤氧的复合反应有比较明显的影响作用。由图 6-2 可以看出:当围岩温度为 30~50 ℃时,耗氧速率变化很小;当围岩温度为 60~100 ℃时耗氧速率发生明显变化,且耗氧速率受围岩温度的影响较大。围岩温度为 30 ℃和 40 ℃时耗氧速率增长缓慢;围岩温度为 50 ℃、60 ℃、80 ℃时耗氧速率增长明显变快;围岩温度为 100 ℃时耗氧速率增长最快。

从耗氧速率随煤温变化曲线可以看出:不同围岩温度对煤的氧化特性产生显著影响,围岩温度越高,煤表面参与氧化反应的活性基团越多,氧化性及煤氧复合能力增强,耗氧量和耗氧速率就越大。

6.2.2 CO、CO_2 产生量分析

(1) CO 浓度分析

CO、CO_2 是煤体氧化反应生成的主要气体,常作为煤自燃指标气体。由实验数据得到

CO 浓度随煤温变化曲线如图 6-3 所示。

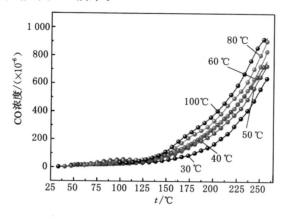

图 6-3　CO 浓度随煤温变化曲线

由图 6-3 可知:在当前实验条件下,不同煤样氧化产生的 CO 浓度均随煤温的升高不断增大。在实验初始阶段各煤样即开始反应生成少量 CO,CO 产生量随煤温的升高呈缓慢的线性增加趋势;反应后期 CO 生成量则呈近似指数增加的趋势,且在以 30 ℃ 为起始温度氧化升温过程中生成的 CO 浓度始终小于高于 30 ℃ 为起始温度氧化生成的 CO 浓度。

起始温度越高,煤样氧化过程中生成的 CO 浓度越高。以氧化起始温度 30 ℃、40 ℃、50 ℃、60 ℃、80 ℃、100 ℃ 为顺序,当煤温为 130 ℃ 时 CO 浓度分别为 3.740×10^{-5}、4.843×10^{-5}、5.390×10^{-5}、5.922×10^{-6}、6.236×10^{-5}、6.395×10^{-5},当煤温为 220 ℃ 时 CO 浓度分别为 3.531×10^{-4}、4.248×10^{-4}、4.846×10^{-4}、4.964×10^{-4}、5.493×10^{-4}、6.299×10^{-4}。CO 浓度不同主要是煤样氧化起始温度不同导致的。CO 浓度的变化规律说明围岩温度为 30～100 ℃,煤的物理吸附、化学吸附和化学反应对煤在氧化过程中 CO 的生成起着非常重要的作用。同时也说明,围岩温度的上升,能给煤体提供良好的蓄热环境,从而使得煤体内部活性基团增多,自燃危险性增大。所以高围岩温度环境能够促进煤自燃的进程。

从图 6-3 可以看出,煤样氧化产生的 CO 浓度随煤温基本呈指数增加,可用如下形式表示:

$$c_{\text{CO}}(t) = a e^{bt} \tag{6-1}$$

式中,t 为煤温,℃;a,b 为常数。为了更直观地研究各煤样 CO 浓度与煤温之间的关系,对 CO 浓度与煤温关系曲线进行拟合,得到不同条件下的 a,b 值以及拟合的相关系数,如表 6-1 所示。

表 6-1　CO 浓度和煤温的拟合数据表

空气流量/(mL/min)	煤温/℃	a	b	R^2
150	30	18.223 0	0.076 0	0.991 2
	40	34.158 0	0.075 7	0.981 1
	50	24.760 0	0.077 6	0.993 7
	60	25.481 0	0.079 3	0.993 1
	80	30.251 0	0.081 6	0.974 6
	100	36.328 0	0.072 2	0.989 1

从表 6-1 可以看出，R 值几乎接近 1，说明拟合效果较好。随着围岩温度的升高，a 值逐渐变大，b 值基本保持不变。这说明不论温度如何变化，CO 浓度的增长趋势基本保持一致。

（2）CO_2 产生速率分析

煤样升温氧化过程中 CO_2 产生量不断增多，釜体内煤样的 CO_2 产生速率与耗氧速率成正比。根据流体流动与传质理论，通过式（6-2）可计算出 CO_2 产生速率[87]：

$$v_{CO_2}(t) = \frac{v_{O_2}(t)[c^2(CO_2) - c^1(CO_2)]}{c^1(O_2)\left\{1 - \exp\left[\dfrac{-v_{O_2}(t)SL}{Qc^1(O_2)}\right]\right\}} \tag{6-2}$$

式中，$v_{CO_2}(t)$ 为煤样温度为 t 时的 CO_2 产生速率，$mol/(cm^3 \cdot s)$；$c^1(CO_2)$，$c^2(CO_2)$ 分别为煤样进、出口处的 CO_2 浓度，%。

将 CO_2 实验数据代入式（6-2），可得 CO_2 产生速率随煤温变化曲线如图 6-4 所示。

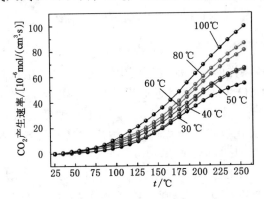

图 6-4　CO_2 产生速率随煤温变化曲线

由图 6-4 可以看出：CO_2 产生速率与 CO 产生量呈现相似的变化规律。在 70 ℃之前，CO_2 产生速率变化不大，但起始温度为 30 ℃的 CO_2 产生速率均小于其余 5 组起始温度下的 CO_2 产生速率，当煤温超过 100 ℃时各煤样 CO_2 产生速率急剧增大。当煤温相同时，各煤样按 CO_2 产生速率大小顺序为：100 ℃＞80 ℃＞60 ℃＞50 ℃＞40 ℃＞30 ℃。可见，围岩温度越高，CO_2 产生速率越高，特别是在氧化后期，煤氧复合作用越来越强烈，说明煤的氧化自燃性增强。

6.2.3　放热强度分析

放热强度是衡量煤放热性的重要特征参数。采用化学键能估算法，假设煤自身产生的热量均由煤氧复合作用产生，且主要由煤氧化学吸附和化学反应放出热量，根据煤样在不同温度下的耗氧速率、CO 和 CO_2 产生速率、煤氧复合作用过程中键能的变化情况，可算出煤样的最大放热强度和最小放热强度。计算公式如式（6-3）、式（6-4）：

$$q_{max}(t) = \Delta\overline{H}[v_{O_2}(t) - v_{CO}(t) - v_{CO_2}(t)] + \Delta H_{CO}v_{CO}(t) + 3\Delta H_{CO_2}v_{CO_2}(t) \tag{6-3}$$

$$q_{min}(t) = \Delta H_{吸}[v_{O_2}(t) - v_{CO}(t) - v_{CO_2}(t)] + \Delta H_{CO}v_{CO}(t) + \Delta H_{CO_2}v_{CO_2}(t) \tag{6-4}$$

式中　$q_{max}(t)$——煤温为 t 时的煤样最大放热强度，$J/(cm^3 \cdot s)$；

$q_{min}(t)$——煤温为 t 时的煤样最小放热强度，$J/(cm^3 \cdot s)$；

$\Delta\overline{H}$——煤氧复合反应的中间第 2 步反应的平均反应热，$\Delta\overline{H} = 284.97$ kJ/mol；

$\Delta H_{吸}$——煤对氧的化学吸附热，$\Delta H_{吸} = 58.8$ kJ/mol；

ΔH_{CO}——煤氧复合反应生成 1 mol 的 CO 所放出的平均反应热，$\Delta H_{CO}=308.5$ kJ/mol；

ΔH_{CO_2}——煤氧复合反应生成 1 mol 的 CO_2 所放出的平均反应热，$\Delta H_{CO_2}=448.9$ kJ/mol。

由实验数据和式(6-3)、式(6-4)得到煤样放热强度随煤温的变化曲线，如图 6-5 和图 6-6 所示。

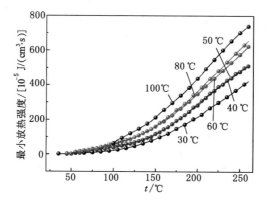

图 6-5　最小放热强度随煤温的变化曲线

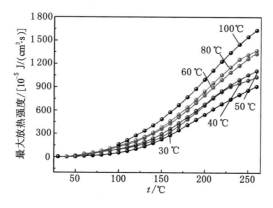

图 6-6　最大放热强度随煤温的变化曲线

由图 6-5 和图 6-6 可知：各煤样放热强度与耗氧速率表现出相似的变化规律，耗氧速率与放热强度密切相关。起始温度为 30 ℃煤样的放热强度始终低于其他煤样的放热强度；起始温度为 40 ℃和 50 ℃，60 ℃和 80 ℃煤样的放热强度变化趋势相近。从图中还可看出，起始温度越高，煤样的放热强度就越大，这是因为煤样处于高围岩温度环境下，表面活性基团增多，氧化性增强，耗氧速率变大，从而能加速其氧化自燃的进程。

6.3　不同围岩温度下卸荷煤体微观分析

煤的化学结构骨架外围部分主要是烷基侧链和含氧官能团，这些活性基团是煤低温氧化反应的主要部分。煤氧化实质是煤分子中的活性基团与 O_2 反应后生成新的物质同时释放出热量，热量积聚引起煤分子中芳香核侧链与活性基团之间桥键断裂生成新的活性基团和自由基。FTIR 分析技术在煤的微观研究中得到广泛的应用，通过将实验煤样与 KBr 混合并充分研磨，压片后再测试得到煤氧化过程各温度阶段的红外光谱，对其进行进一步分析可得到煤中活性基团的变化特征。

6.3.1 实验目的

煤在氧化自燃过程中,首先氧化的是煤的微观活性基团[101]。煤氧化放出热量,引起温度升高,进一步促进煤中活性基团的产生。因此,通过 FTIR 实验,研究不同围岩温度下卸荷煤体中主要活性基团的变化规律,从微观方面获得不同围岩温度条件下煤体的氧化自燃规律[105]。

6.3.2 实验结果处理

本书采用 KBr 压片法,实验过程中可能存在压片研磨不充分等外在因素的干扰。因此,在处理实验结果时,对所有的红外光谱曲线都应采用 OMNIC 软件自动基线校正后再进一步分析。红外光谱定量分析主要基于比尔-朗伯(Beer-Lambert)定律,即进行吸光度与样品或活性基团浓度变化特性间的定量转换。比尔-朗伯定律如式(6-5)所示:

$$A(\upsilon) = \lg[1/T(\upsilon)] = K(\upsilon)bc \qquad (6\text{-}5)$$

式中　$A(\upsilon)$——波数 υ 处的吸光度;

　　　$T(\upsilon)$——波数 υ 处的透射率;

　　　$K(\upsilon)$——样品在波数 υ 处的吸光度系数;

　　　b——光程长(样品厚度);

　　　c——样品浓度。

红外光谱定量分析主要有两种方法:第一种是测量吸收峰的峰高(即测量吸收峰的吸光度);第二种是测量吸收峰的峰面积。由于红外光谱吸收峰的峰面积受外界因素的影响比峰高更小些,所以采用吸收峰峰面积进行定量分析比采用峰高更加准确。为对重叠峰进行准确测量,本书采用 OMNIC 软件对吸光度光谱基线自动校正后,再将数据导入 Origin 数据处理软件进行绘图,从而得到各煤样的红外光谱图,如图 6-7 所示。

6.3.3 主要活性基团分析

在红外光谱测试过程中活性基团的吸收光谱位置是一定的,因此可以根据出现峰的位置找到所属活性基团,并且可以根据峰面积得出活性基团的变化情况。为便于分析,对谱图中具有代表性的活性基团进行分类,将谱图中特征峰分为羟基、含氧官能团、芳香烃、脂肪烃四类。

煤的红外光谱图中,由于许多活性基团的吸收带对红外光谱有贡献,很容易产生谱峰叠加,叠加量的多少在红外光谱的吸收带上无法考察,所以很难确定某一活性基团具体的吸收峰位[93]。利用 Gaussian-Lorentz 法对红外谱图进行分峰拟合,即采用 OMNIC 软件,拟合图谱时选用高斯函数或洛伦兹函数,分别对波数为 $3\ 700 \sim 3\ 000\ \text{cm}^{-1}$、$1\ 900 \sim 1\ 000\ \text{cm}^{-1}$、$900 \sim 650\ \text{cm}^{-1}$、$3\ 000 \sim 2\ 800\ \text{cm}^{-1}$ 的区域进行分段拟合,拟合结束将数据导出,最后根据各样品的拟合数据使用 Origin 软件作图。

图 6-8 为不同煤样在波数 $3\ 700 \sim 3\ 000\ \text{cm}^{-1}$ 区域的红外光谱分峰拟合图,该波段主要为煤中羟基的吸收振动区。

图 6-9 为不同煤样在波数 $1\ 900 \sim 1\ 000\ \text{cm}^{-1}$ 区域的红外光谱分峰拟合图,该波段主要为煤中含氧官能团和芳香烃的吸收振动区。

图 6-10 为不同煤样在波数 $3\ 000 \sim 2\ 800\ \text{cm}^{-1}$ 区域的红外光谱分峰拟合图,该波段主要为煤中脂肪烃的吸收振动区。

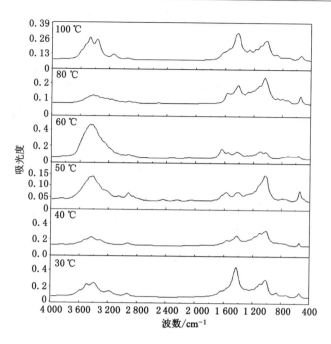

图 6-7 各煤样的红外光谱图

6.3.3.1 羟基

煤分子中羟基是影响煤氧化特性的一个重要活性基团,主要有游离羟基、分子间自缔合氢键和分子内氢键三种形式。煤分子结构中羟基含量越多,越容易与氧结合发生反应。吸收峰波数为 3 700~3 000 cm^{-1} 区域主要为羟基的吸收振动区。各煤样羟基分峰拟合结果如图 6-8 所示,根据拟合结果整理得到羟基峰面积如表 6-2 所示,各煤样羟基峰面积如图 6-11 所示。

表 6-2 羟基峰面积

不同围岩温度煤样	波数/cm^{-1}			总峰面积	总峰面积增量
	3 550~3 200	3 624~3 610	3 697~3 625		
30 ℃	62.053 6	7.068 8		69.122 4	
40 ℃	39.896 7		3.543 9	43.440 6	−25.681 8
50 ℃	27.731 7	0.946 3		28.678 0	−14.762 6
60 ℃	31.873 2	3.128 1	2.970 0	37.971 3	9.293 3
80 ℃	92.643 3			92.643 3	54.672 0
100 ℃	116.967 7			116.967 7	24.324 4

煤分子中的羟基一般出现在端基和侧链上,与 O_2 接触时受热容易断裂发生反应。由拟合结果可知,羟基在煤分子中含量较大,说明羟基对煤自燃的影响程度较大。可根据红外光谱中羟基峰面积来判断煤发生反应的难易程度。波数 3 697~3 625 cm^{-1} 归属游离羟基,3 624~3 610 cm^{-1} 归属分子内氢键,3 550~3 200 cm^{-1} 归属酚羟基、醇羟基在分子间缔合的氢键。由表 6-2 和图 6-11 可以看出:波数为 3 697~3 625 cm^{-1} 和 3 624~3 610 cm^{-1} 处的

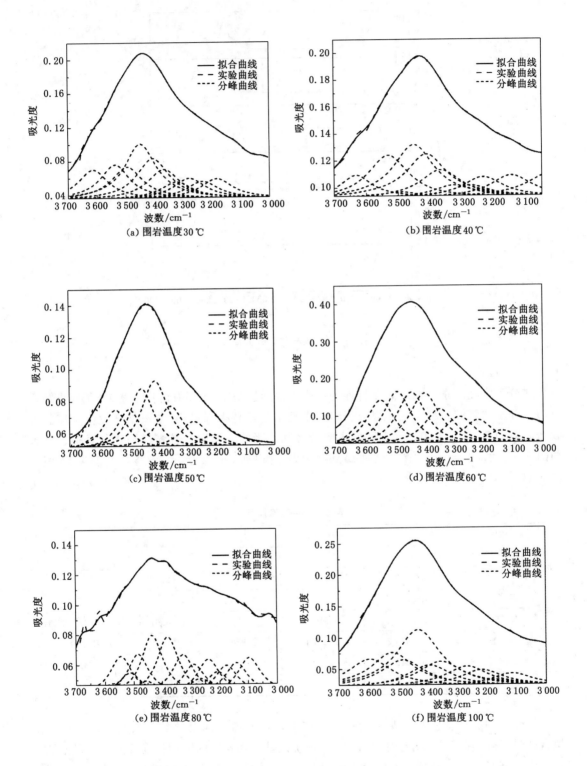

图 6-8　波数 3 700～3 000 cm^{-1} 谱图分峰拟合图

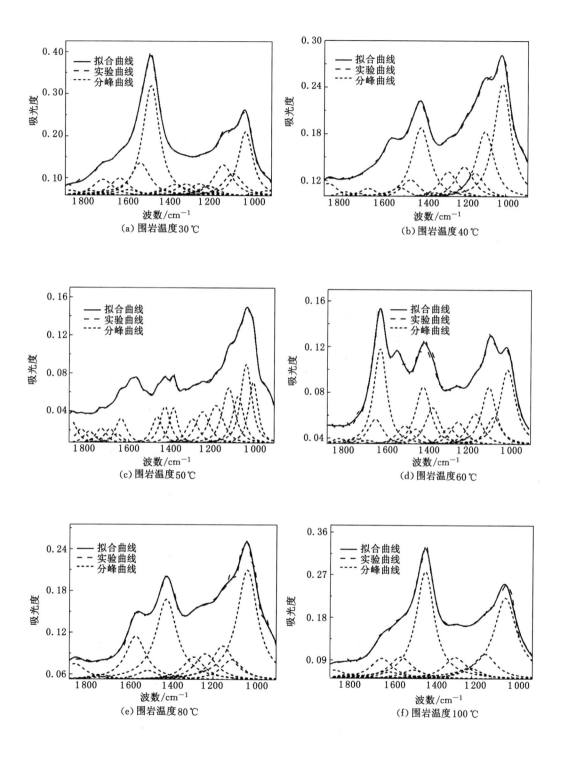

图 6-9　波数 1 900～1 000 cm⁻¹ 谱图分峰拟合图

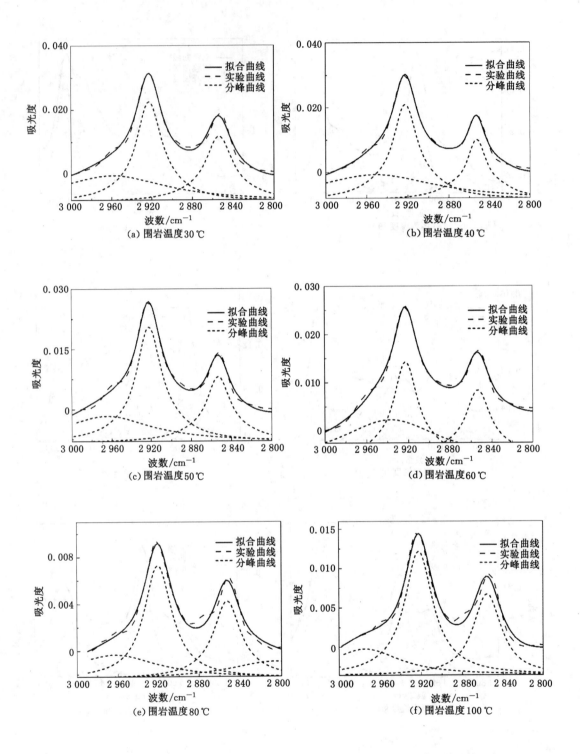

图 6-10　波数 3 000～2 800 cm^{-1}谱图分峰拟合图

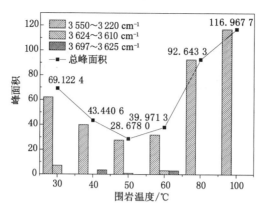

图 6-11 羟基峰面积

峰面积随围岩温度的增高总体上逐渐减小到无面积;波数为 3 550～3 200 cm⁻¹ 处的峰面积
远大于 3 697～3 625 cm⁻¹ 和 3 624～3 610 cm⁻¹ 处的峰面积,出现随围岩温度增高先降低后
上升的现象,且增幅越来越大,这是因为煤分子中羟基多以多聚的缔合结构存在,造成部分
羟基的峰位漂移,这个宽缓的谱峰包含多个羟基峰位,且这种缔合结构影响着煤大分子网络
的稳定性。

6.3.3.2 含氧官能团

煤的红外光谱波数为 1 900～1 000 cm⁻¹ 处是含氧官能团的吸收振动区。煤中含氧官
能团主要有:波数 1 330～1 000 cm⁻¹ 处的吸收峰是酚、醇、醚、酯的 C—O 振动引起的,
1 781～1 630 cm⁻¹ 处对应的是醛、酮、酯、羧酸、醌的 C═O 的伸缩振动,1 715～1 690 cm⁻¹
处对应的是—COOH 的—OH 的伸缩振动,1 880～1 785 cm⁻¹ 处对应的是酸酐羰基的
C═O 的伸缩振动。根据拟合结果整理得到含氧官能团峰面积如表 6-3 所示,各煤样含氧
官能团峰面积如图 6-12 所示。

表 6-3　含氧官能团峰面积

不同围岩温度煤样	波数/cm⁻¹				总峰面积	总峰面积增量
	1 330～1 000	1 781～1 630	1 715～1 690	1 880～1 785		
30 ℃	34.827 8	3.392 5	1.392 1	4.848 8	44.461 2	
40 ℃	27.438 0	12.714 8	0.497 1	2.138 7	42.788 6	−1.672 6
50 ℃	52.062 3	5.719 4	1.786 2	1.904 9	61.472 8	18.684 2
60 ℃	52.808 7	1.165 4	0.949 3	4.051 9	58.975 3	−2.497 5
80 ℃	59.321 7	1.644 9		4.688 2	65.654 8	6.679 5
100 ℃	64.000 4	8.570 0		5.725 9	78.296 3	12.641 5

由表 6-3 和图 6-12 可以看出:随着围岩温度的增高,含氧官能团峰面积增量分别为
−1.672 6、18.684 2、−2.497 5、6.679 5、12.641 5,其中围岩温度从 40 ℃ 升至 50 ℃ 含氧官
能团峰面积有一个明显的增加趋势,峰面积变化趋势是先降低后急剧升高再缓慢升高。这
是因为在氧化初期含氧官能团的含量较少,随着氧化初始温度的不断升高及氧化的不断深
入,脂肪烃受氧攻击后侧链不断地被氧化而产生更多的含氧官能团。波数 1 330～

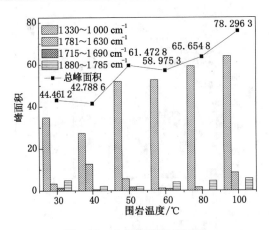

图 6-12　含氧官能团峰面积

1 000 cm^{-1} 处的峰面积远大于其他 3 个波段的峰面积,且变化规律与含氧官能团总峰面积的相同;波数 1 781～1 630 cm^{-1} 处的峰面积呈现先增加后降低再增加的波动趋势;波数 1 715～1 690 cm^{-1} 处的峰面积较小,从有峰到无峰,说明—COOH 的—OH 伸缩振动不断减弱;波数 1 880～1 785 cm^{-1} 处的峰面积先减小后增大。

煤在氧化过程中,分子中的含氧官能团会增加反应活性,从而导致煤易和 O_2 反应产生过氧化物,这些中间产物的稳定性较差,容易分解同时放出热量,促进煤体升温,从而为煤自燃创造条件。由拟合结果可知,随着围岩温度的升高煤中含氧官能团的峰面积总体上呈逐渐增大趋势,而且吸收峰强度较大,煤体反应活性增强,易发生氧化自燃。

6.3.3.3　芳香烃

芳香烃在煤中主要有取代苯、芳环和芳烃三类。根据拟合结果整理得到芳香烃峰面积如表 6-4 所示,各煤样芳香烃峰面积如图 6-13 所示。

表 6-4　芳香烃峰面积

不同围岩温度煤样	波数/cm^{-1}				总峰面积	总峰面积增量
	712～694	900～675	1 620～1 430	3 050～3 032		
30 ℃	0.514 7	2.437 8	15.919 0		18.871 5	
40 ℃	0.367 0	1.658 9	12.625 3		14.651 2	−4.220 3
50 ℃	0.128 9	0.879 9	10.783 4	4.967 0	16.759 2	2.108 0
60 ℃	0.293 2	1.171 2	15.911 4	7.382 1	24.757 9	7.998 7
80 ℃	0.341 6	2.437 7	14.393 9	6.199 7	23.372 9	−1.385 0
100 ℃	0.689 5	2.236 1	16.552 2	10.646 7	30.124 5	6.751 6

煤中芳香烃有波数 3 050～3 032 cm^{-1} 处的芳烃—CH 伸缩振动;波数 1 620～1 430 cm^{-1} 处的芳香环 C=C 骨架伸缩振动,为芳香烃中主要的活性基团;波数 900～675 cm^{-1} 处的取代苯类 C—H 面外弯曲振动;波数 712～694 cm^{-1} 处的苯环褶皱振动。由表 6-4 和图 6-13 可以看出:波数 712～694 cm^{-1} 和 900～675 cm^{-1} 处的峰面积随氧化初始温度的上升变化较小;波数 1 620～1 430 cm^{-1} 处各煤样峰面积较大,但变化不大;波数 3 050～3 032 cm^{-1} 处的峰面积从无

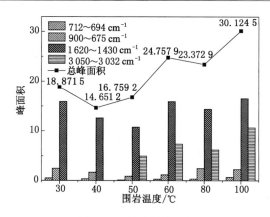

图 6-13 芳香烃峰面积

到有,并随着氧化初始温度的升高不断增大。总体来看,芳香烃总峰面积随围岩温度升高呈逐渐增大的趋势,说明随着围岩温度的升高,煤中微观活性基团活性增强,从而可促进煤体氧化进程。

6.3.3.4 脂肪烃

根据拟合结果整理得到脂肪烃峰面积如表 6-5 所示,各煤样脂肪烃峰面积如图 6-14 所示。

表 6-5 脂肪烃峰面积

不同围岩温度煤样	波数/cm⁻¹				总峰面积
	1 380～1 370	2 858～2 847	2 935～2 918	2 975～2 945	
30 ℃	2.176 9	1.199 0	1.667 6	1.719 5	6.763 0
40 ℃	1.712 2	0.938 7	1.632 5	1.838 6	6.122 0
50 ℃	2.632 4	0.893 4	1.594 6	1.155 2	6.275 6
60 ℃	2.139 9	0.936 7	1.119 3	1.100 9	5.296 8
80 ℃	0.112 3	0.351 8	0.852 2	0.422 3	1.738 6
100 ℃		0.534 3	0.504 6	0.328 5	1.367 4

煤中脂肪烃的谱峰位置分布较广,其中波数 $2\,975\sim2\,945\ cm^{-1}$ 处归属甲基反对称伸缩振动;$2\,935\sim2\,918\ cm^{-1}$ 处归属亚甲基反对称伸缩振动;$2\,858\sim2\,847\ cm^{-1}$ 处归属亚甲基对称伸缩振动;$1\,380\sim1\,370\ cm^{-1}$ 处归属甲基对称变角振动。由表 6-5、图 6-14 可知:波数 $1\,380\sim1\,370\ cm^{-1}$ 处峰面积先减小后增大再减小,当围岩温度为 100 ℃ 时为 0,说明围岩温度变化使活性基团发生变化;波数 $2\,975\sim2\,945\ cm^{-1}$、$2\,935\sim2\,918\ cm^{-1}$、$2\,858\sim2\,847\ cm^{-1}$ 处的峰面积总体变化趋势都是减小的。脂肪烃在不同围岩温度条件下,峰面积分别为 6.763 0、6.122 0、6.275 6、5.296 8、1.738 6、1.367 4。可以看出,随着围岩温度的升高,脂肪烃峰面积变化趋势总体是减小的。这是由于随着氧化的不断深入,脂肪烃受氧攻击后,一些环状结构断裂产生较多的甲基、亚甲基[102]。

通过对煤中羟基、含氧官能团、芳香烃、脂肪烃的变化规律分析可以看出,不同围岩温度下卸荷煤体内部分子结构发生变化,煤中活性基团的反应活性及种类和数量发生变化。随

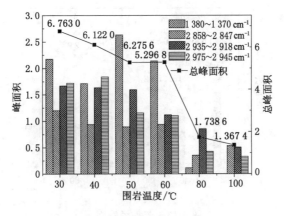

图 6-14　脂肪烃峰面积

着围岩温度的升高,煤分子中活性基团反应活性增强,煤体更容易发生氧化自燃。

6.3.4　煤中活性基团的氧化反应分析

由上述实验分析可知,煤体氧化过程中较活跃的活性基团是含氧官能团和脂肪烃,反应的实质就是脂肪烃—CH_2 和—CH_3 以及含氧官能团—OH、—COOH 的反应,产生 CO、CO_2 等气体,同时放出一定热量,从而加快氧化的进程。煤中不同活性基团反应(R 代表脂肪烃链)如下[103]:

（1）含氧官能团的氧化反应

$$
\begin{array}{ccc}
\text{H} & & \text{OH}\\
| & & |\\
\text{Ar—R—C—OH}+\text{O}\cdot &\longrightarrow& \text{Ar—R—C—H}\\
| & & |\\
\text{H} & & \text{OH}
\end{array}
$$

$$
\begin{array}{ccc}
\text{OH} & & \text{O}\\
| & & \|\\
\text{Ar—R—C—H} &\longrightarrow& \text{Ar—R—C—H}+\text{H}_2\text{O}\\
| & & \\
\text{OH} & &
\end{array}
$$

（2）脂肪烃的氧化反应

$$
\begin{array}{ccc}
\text{O} & &\\
\| & &\\
\text{Ar—R—C—H} &\longrightarrow& \text{Ar—R—H}+\text{CO}
\end{array}
$$

$$
\begin{array}{ccc}
\text{O} & & \text{O}\\
\| & & \|\\
\text{Ar—R—C—H}+\text{O}\cdot &\longrightarrow& \text{Ar—R—C—OH}
\end{array}
$$

$$
\begin{array}{ccc}
\text{O} & &\\
\| & &\\
\text{Ar—R—C—OH} &\longrightarrow& \text{Ar—R—H}+\text{CO}_2
\end{array}
$$

煤在氧化过程中较为活泼的基团主要是—OH,煤结构中—OH 一般与芳环或脂肪烃链相连。与芳环相连的—OH 比较稳定,一般不会发生反应;而与脂肪烃相连的—OH 容易受氧攻击发生反应,其反应实质是 O_2 分子攻击与—OH 相连的碳原子上的 C—H 键,形成新的—OH。烷基侧链在氧化过程中容易发生反应生成大量的—OH,—OH 结构不稳定,继续反应生成 C=O 或—COOH。煤分子中脂肪烃结构—CH_2 和—CH_3 性质活泼,当与脂肪烃相连的不饱和键接触 O_2 时,不稳定的 C—H 键容易受攻击生成两个不稳定状态的 —OH,—OH 继续反应最终生成 H_2O、CO、CO_2。

由上述分析可以看出,CO 直接来源于煤分子中的醛基。醛基一部分来源于煤体本身,另一部分由煤样加卸荷过程产生,这也说明煤在较低温度下就有 CO 产生。由红外光谱拟合结果可知,随着围岩温度的上升,整体上煤中活性基团不断增多,煤的自燃危险性变大。

6.4　本章小结

本章对不同围岩温度条件下卸荷煤体氧化特性进行了研究,采用 FTIR 实验得到了各煤样的红外光谱图,并用 OMNIC 软件对红外光谱图进行 Gaussian-Lorentz 分峰拟合。得出以下结论:

(1) 不同围岩温度下卸荷煤样氧化过程中 O_2 浓度不断减小,耗氧速率不断增大。围岩温度对煤氧化特性产生显著影响,围岩温度越高,煤样温度升高越快,煤的氧化性及煤氧复合能力增强,煤的耗氧量和耗氧速率就越大。

(2) 不同煤样的 CO 浓度均随煤温的升高不断增大,反应初始阶段 CO 产生量随煤温的升高呈缓慢的线性增加趋势,反应后期 CO 生成量则呈近似指数增加趋势。围岩温度越高,煤样氧化过程中生成的 CO 浓度越高。CO_2 产生速率与 CO 产生量呈现相似的变化规律,围岩温度为 30 ℃煤样的 CO_2 产生速率均小于其余 5 组煤样的。按 CO_2 产生速率大小的围岩温度顺序分别为:100 ℃＞80 ℃＞60 ℃＞50 ℃＞40 ℃＞30 ℃。可见,围岩温度越高,煤样 CO_2 产生速率越高,氧化自燃性增强。

(3) 煤体氧化过程中较活跃的活性基团是含氧官能团和脂肪烃。随着围岩温度的升高,煤分子中活性基团的反应活性增强,种类、数量发生变化,从而直接影响煤的氧化自燃能力,煤体发生氧化自燃的危险性增加。

7 不同热气流环境下卸荷煤体氧化特性

第 6 章通过研究不同围岩温度下卸荷煤体氧化特性,分析了在氧化过程中煤体气体产生量、产生速率及放热强度的变化规律;并从微观方面分析了活性基团的变化规律,得到围岩温度越高,煤分子结构越易发生变化,高温可促进煤体化学反应速率增加,从而导致煤体越容易氧化自燃的结论。

在深部矿井开采过程中,除了围岩温度对煤体的作用,高温热气流也属于热灾害之一。井下气流温度不仅受地面气候、空气自身压缩热、机械设备散热等因素的影响,而且还受围岩温度、煤自身氧化产生的高温热源散发的热流的影响。深部煤层受高地应力的影响,在开采前积聚了大量的弹性应变能,采后受压破裂,呈破碎状态,孔裂隙结构发生变化,与 O_2 的接触能力改变,氧化特性也会改变。

本章将通过恒定不同地温,对比研究不同温度气流对卸荷煤体产生的影响。在现有的实验设备基础上,加装恒温水浴设备,利用恒温控制系统与烟气分析仪,对卸荷煤样在不同地温下进行热气流实验。在实验设定时间内分析煤的耗氧速率、CO 生成速率等特定参数,得出不同条件下煤低温氧化阶段的气体产物变化趋势;根据煤样反应罐内 O_2 浓度变化情况,得出不同热气流条件下煤低温氧化过程随 O_2 浓度变化情况;分析不同条件下,煤的耗氧速率、CO 产生速率与恒温氧化时间的关系;分析低温下煤氧化反应的基本机理,从而掌握煤氧化过程中的本质宏观变化规律。

7.1 实验条件和实验过程

7.1.1 实验煤样选取和实验条件

热气流实验选用制备的标准煤样,选取 4 块表面光滑且没有明显孔裂隙的煤样,分别进行标记编号。实验前将煤样放入真空干燥箱中在 30 ℃ 条件下干燥 24 h,干燥结束后取出用保鲜膜包裹保存待实验用。恒温实验温度分别设为 40 ℃ 和 50 ℃,气流温度分别为室温、50 ℃、60 ℃、80 ℃,实验管路空气流量均为 150 mL/min,氧化时间设为 6 h。在实验过程中每 5 min 记录 1 次数据。

7.1.2 实验过程

对实验釜体进行清理,将煤样(尺寸 $\phi50$ mm×100 mm)装入釜体中,按照实验流程进行固定;在流量计后连接恒温水浴设备,并采取相应的保温措施,在出气管路末端监测气流温度,然后按流程连接实验各系统,并检查其气密性。

按实验方案对煤样施加载荷 25 MPa,12 h 后卸荷。为防止煤样在加热过程中被氧化,气路管路先通入 N_2,流量为 150 mL/min。温控系统设为恒温,第一组设为 40 ℃,第二组设为 50 ℃;同时启动恒温水浴设备,按实验设计每组温度分别设为室温、50 ℃、60 ℃、80 ℃,

待实验温度达到设定温度后,迅速将 N_2 切换为空气。

开启数据采集模块,通过 PC 机记录数据,每 5 min 记录 1 次,每组实验时间为 6 h。待釜体冷却后取出煤样保存,清理后开始下一组实验。

7.2　实验结果与分析

以王台矿 15 号煤层作为研究对象,加卸荷后通过恒定不同地温,分别对釜体内煤样通入室温、50 ℃、60 ℃、80 ℃气流进行恒温氧化实验,采集不同热气流时产生的指标气体参数。测得不同热气流条件下 O_2 浓度随氧化时间的变化规律,如图 7-1 和图 7-2 所示。

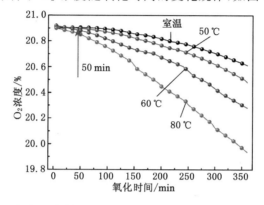

图 7-1　40 ℃恒温条件下不同热气流煤样 O_2 浓度随氧化时间变化曲线

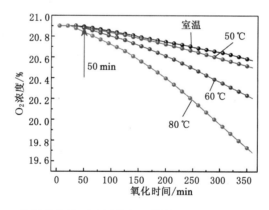

图 7-2　50 ℃恒温条件下不同热气流煤样 O_2 浓度随氧化时间变化曲线

由图 7-1 和图 7-2 可以看出,随着煤样氧化时间的延长,O_2 浓度整体呈下降趋势,且气流温度越高,O_2 浓度下降趋势相对越明显。当气流温度低于煤温时,O_2 浓度下降趋势比较平缓,这是因为气流温度低于煤温时,煤自身氧化产生的热量被气流带走,煤体没有良好的氧化蓄热环境,散热量大于产热量,氧化速度变慢。当气流温度高于煤温时,O_2 浓度下降较快,且气流温度越高,O_2 浓度下降越快。尤其是当气流温度为 80 ℃时,两种地温条件下的 O_2 浓度下降最快,且地温为 50 ℃条件下的 O_2 浓度下降幅度大于地温为 40 ℃条件下的,这是因为地温越高,煤内部被活化的官能团越多,煤体氧化蓄热原始环境越好,同时高温气流为煤体氧化提供充足的 O_2,气流在流动过程中也为煤体传递一部分热量,从而使煤体氧化速度加快。

当煤样氧化时间进行 50 min 以后,各煤样 O_2 消耗量明显增多,且气流温度越高,O_2 浓度下降速度越快。在氧化时间 50 min 之前热气流对煤样耗氧量有一定的影响,O_2 进入煤体内部反应需要一定的时间,到 50 min 左右氧化反应明显变快,且气流温度越高氧化反应变快的时间越早。

7.2.1 不同热气流环境下卸荷煤样氧化过程中耗氧速率分析

在本次实验中,每一个温度值均对应相应的时间值,由式(4-1)计算出恒温氧化过程中各个时段的耗氧速率,以氧化时间为横坐标,耗氧速率为纵坐标,得到不同热气流条件下耗氧速率随氧化时间的变化情况,如图 7-3 和图 7-4 所示。

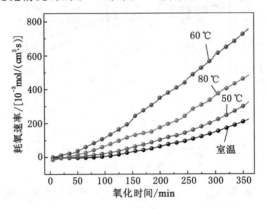

图 7-3　40 ℃恒温条件下不同热气流煤样耗氧速率随氧化时间变化曲线

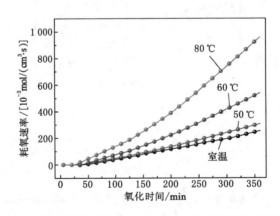

图 7-4　50 ℃恒温条件下不同热气流煤样耗氧速率随氧化时间变化曲线

从图 7-3 和图 7-4 可以看出,不同热气流煤样的耗氧速率随氧化时间的延长整体呈先缓慢上升后稳定上升的变化趋势,且气流温度越高,耗氧速率上升越快。气流温度为室温时,耗氧速率上升趋势比较平缓,说明气流温度低于地温时,对煤体氧化进程起抑制作用;气流温度为 50 ℃时,耗氧速率略高于气流温度为室温时的耗氧速率;气流温度为 80 ℃时耗氧速率上升最快。这说明在 O_2 充足的情况下,煤的反应速率只与气流温度有关,气流温度越高,反应速率越大。

将图 7-3 和图 7-4 中不同热气流煤样 50 min 后的耗氧速率与氧化时间关系曲线按线性关系拟合,可以发现,煤样耗氧速率与氧化时间满足:

$$v_{O_2}(T) = aT - b \tag{7-1}$$

式中,a,b 为常数。

40 ℃与 50 ℃恒定地温下不同热气流煤样拟合曲线的 a,b 值和相关系数见表 7-1、表 7-2,相关性良好。随着气流温度的升高,a,b 值都不断增大,在气流温度为 80 ℃时达到最大。在高地温和热气流的共同作用下,煤样的耗氧速率不断增大。这也说明气流温度越高,煤体氧化进程越快。

表 7-1　40 ℃恒温条件下不同热气流煤样耗氧速率和氧化时间拟合的系数值

气流温度/℃	a	b	R^2
室温	3.662 1	70.729 0	0.964 2
50	4.998 1	82.486 0	0.967 1
60	7.480 0	94.556 0	0.974 3
80	11.820 0	118.800 0	0.995 6

表 7-2　50 ℃恒温条件下不同热气流煤样耗氧速率和氧化时间拟合的系数值

气流温度/℃	a	b	R^2
室温	3.933 7	39.072 0	0.998 5
50	4.978 6	49.595 0	0.994 9
60	8.565 2	102.290 0	0.990 8
80	15.038 0	174.390 0	0.984 7

7.2.2　不同热气流环境下卸荷煤样氧化过程中 CO 产生速率分析

CO 产生速率是表征 CO 随时间变化快慢程度的值。将实验测得的 CO 数据及耗氧速率数据代入式(4-2)可得不同热气流下卸荷煤样 CO 产生速率随氧化时间的变化规律。分别以氧化时间为横坐标,CO 产生速率为纵坐标,将计算结果绘制成图,如图 7-5 和图 7-6 所示。

由图 7-5 和图 7-6 可以看出,CO 产生速率变化趋势与煤样耗氧速率变化趋势基本一致,在氧化时间 50 min 之前 CO 产生速率变化不大,50 min 之后 CO 产生速率呈线性增长。地温为 40 ℃时的各煤样 CO 产生速率普遍略高于地温为 50 ℃时的 CO 产生速率。这是因为在高地温环境下,外界温度在前期会给煤体提供一个热源,煤体氧化蓄热初始温度升高,而煤体的氧化强度则在于外界热源的温度及能量。同一地温下当气流温度为室温时,气流温度低于煤体赋存环境温度,此时 CO 产生速率最小,随着反应时间的延长,CO 产生速率变化趋势呈现先缓慢增大后趋于平缓的现象。这说明当气流温度低于煤温时会带走煤体自身氧化产生的热量,煤氧化进程受到抑制,在空气流量为 150 mL/min 的情况下,影响煤体 CO 产生速率的主要因素为气流温度。当气流温度为 50 ℃时,CO 产生速率的变化不太明显,但相对气流温度为室温时 CO 产生速率较大,说明气流温度对煤氧化进程有一定的促进作用。当气流温度为 60 ℃和 80 ℃时,各煤样 CO 产生速率增长速度变快,此时气流温度对

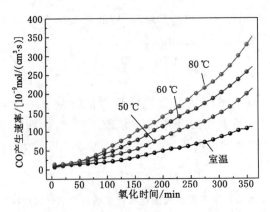

图 7-5　40 ℃恒温条件下不同热气流煤样 CO 产生速率随氧化时间变化曲线

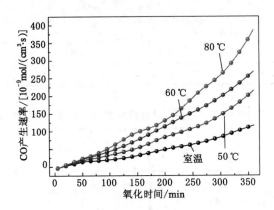

图 7-6　50 ℃恒温条件下不同热气流煤样 CO 产生速率随氧化时间变化曲线

CO 产生速率的影响越来越明显,热气流的流动输送给煤体源源不断的热量。这说明气流温度越高,CO 产生速率越大,煤体氧化速度加快,发生氧化自燃的危险性增加。

7.3　复杂热气流环境下采动卸荷煤体氧化分析

深部井下形成复杂热气流环境受围岩温度、煤自身氧化产热、空气自身压缩热、机械设备散热等综合因素的影响。在高地应力及采动作用下煤体破裂产生裂隙,为了解裂隙内渗流传热的机理及特征,有必要对煤体裂隙内传热方式建立模型进行分析。模型示意图如图 7-7 所示,煤岩基质初始温度为 t_0,中间裂隙宽度为 b,裂隙左侧气流温度为 t_{in},流速为 v_w。为得到模型解析解,假设气流只在裂隙中发生层流流动且方向保持不变,忽略煤岩基质中平行于裂隙方向的热传导。

由裂隙内气流能量守恒可得:

$$b\rho_w c_w \frac{\partial t_w}{\partial T} + b\rho_w c_w v_w \frac{\partial t_w}{\partial x} - \lambda_r \left(\frac{\partial t_r}{\partial y}\right)_{y=b} = 0 \qquad (7-2)$$

由煤岩基质内能量守恒可得:

$$\lambda_r \frac{\partial^2 t_r}{\partial y^2} = \rho_r c_r \frac{\partial t_r}{\partial T} \qquad (7-3)$$

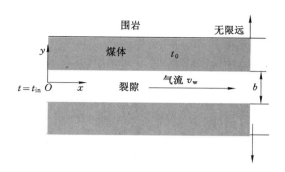

图 7-7 平面裂隙换热模型示意

式(7-2)和式(7-3)中，b 为裂隙宽度；ρ 为密度；c 为质量热容；λ 为热传导系数；v 为气流流速；t 为温度；下标 w 代表气流，r 代表煤岩。根据模型相关假设，裂隙与煤岩基质内的初始条件为：

$$t_w(x, T=0) = t_0, \quad t_r(x, y, T=0) = t_0 \tag{7-4}$$

外边界条件为：

$$\left.\begin{array}{l} t_w(x=0, T>0) = t_{in}, \quad t_w(x \to \infty) = t_0 \\ t_r(x \to \infty) = t_0, \quad t_r(y \to \infty) = t_0 \end{array}\right\} \tag{7-5}$$

在考虑裂隙气流与煤岩换热时，假定煤岩表面温度与裂隙气流温度相等。在以上控制方程和边界条件下，经过一段时间 T 后，裂隙内气流温度沿 x 轴分布为：

$$t_w = t_0 + (t_{in} - t_0) \operatorname{erfc}\left(\frac{\lambda_r x}{2\rho_w c_w b \sqrt{\alpha_r v_w (v_w T - x)}}\right) U\left(T - \frac{x}{v_w}\right) \tag{7-6}$$

式中，erfc 为余误差函数；U 为单位阶跃函数。在构建模型时，对相应的物理问题作了简化。其中主要的简化为忽略了气流和煤岩基质在顺裂隙方向的热传导。当气流进入裂隙内时，沿着裂隙方向的热量传输主要是热对流和热传导。在物理性质参数不变的情况下，这两种传热方式的贡献与气流的流动速度相关。当气流流速过大时，在煤体氧化初始阶段，气流将带走煤体氧化所产生的热量，从而抑制煤氧化自燃进程。以上模型未考虑高温围岩对裂隙附近煤岩的热量补给，也未考虑裂隙上下侧煤岩基质的纵向传热，这是模型的主要误差来源。对于深部井下形成的复杂热气流环境对煤体氧化自燃的影响需要作进一步探讨。

由文献综述可知，越往深部开采，热气流现象越发明显，这些热气流是深部热物质和能量交换最活跃的部分。煤在氧化期间的耗氧速率、CO 产生速率等受煤体所处环境温度的影响较大。图 7-8 为深部采动致裂煤体温升氧化示意图。

图 7-8 左侧为煤体加卸荷模拟示意图，煤体长期处于高地应力作用下会产生大小不同的裂隙，在采动作用下会破碎，裂隙数量增多。微观方面表现为煤分子链的断裂，分子链断裂的本质是链中共价键的断裂，从而产生大量自由基，自由基存在于煤颗粒表面及煤体内部新生裂纹表面，从而为煤体氧化创造良好的原始条件。图 7-8 右侧为煤体升温氧化示意图，采后煤体孔裂隙发育，气体渗流扩散性增强，煤的吸氧特性发生改变。当井下存在漏风风流时，可不断为煤体提供氧化所需的 O_2。热气流通过煤体裂隙不断向四周扩散和运动，可强化受载煤体的裂隙通道，加之高温围岩通过热传导不断向煤体输送热量，煤氧化速度加快、氧化影响范围扩大，煤体不需要经历长时间的低温氧化状态可直接进入自热氧化状态，宏观

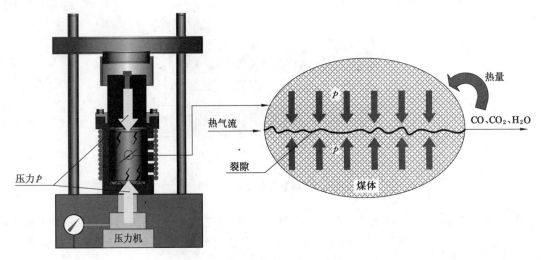

图 7-8　深部采动致裂煤体温升氧化示意图

表现为耗氧速率、CO 产生速率不断增大,微观表现为煤分子中羟基、含氧官能团、脂肪烃等活性基团数量随温度变化大量消耗和再生。同时,由于煤体处于良好的氧化蓄热环境,煤自身氧化产生的热量又不断地反作用于煤体本身,从而会加剧煤的进一步氧化。基于本节实验结果,在同一围岩温度环境下,不同气流温度煤样氧化能力大小顺序为:80 ℃＞60 ℃＞50 ℃＞室温;在相同气流温度下,不同围岩温度煤样氧化能力大小顺序为:50 ℃＞40 ℃。总体表现为围岩温度和气流温度越高,煤氧化自燃性越强。

7.4　本章小结

(1) 随着煤样氧化时间的延长,耗氧速率及 CO 产生速率不断增大。在相同条件下,气流温度越高,煤体氧化速度越快。不同气流温度煤样氧化能力大小顺序为:80 ℃＞60 ℃＞50 ℃＞室温。当气流温度低于煤体所处环境温度时,煤自身氧化热量损失严重,没有良好的蓄热环境,氧化进程受到抑制。当气流温度高于煤体所处环境温度时,热气流不断向煤体输送热量,煤氧化进程加快。

(2) 氧化时间 50 min 之前,各煤样氧化速度较慢,50 min 之后氧化反应明显加快,且气流温度越高氧化反应加快的用时越短。当气流温度相同时,不同围岩温度煤样氧化能力大小顺序为:50 ℃＞40 ℃。围岩温度越高,煤分子内部被活化的官能团越多,煤体氧化蓄热原始条件越好,氧化速度越快。

(3) 深部煤体长期处于高地应力、热气流环境下,氧化特性受采动及热气流影响已发生改变。综合实验结果,围岩温度和气流温度越高,煤氧化自燃性越强。

8　采动卸荷煤体氧化特性微观机理

煤在生成的过程中,形成了分布范围广而不均匀、数量大且极其微细的毛细管和孔隙结构,这种结构使其具有强大的吸附气体和液体的能力[104]。赋存在不同地应力下的煤体,受采动过程中的加卸荷作用,孔裂隙等发育状态千差万别,形成不尽相同的漏风孔道。煤体的氧化特性与煤的孔裂隙结构特征有着密切的关系[105]。因此,本章通过研究不同煤样宏观气体生成规律与其微观特性变化之间的对应关系,得出采动卸荷煤体氧化过程的微观机理。

8.1　应力对卸荷煤体氧化特性影响微观机理分析

8.1.1　应力对卸荷煤体氧化特性影响分析

为分析不同初始载荷下卸荷煤样的孔裂隙形态与氧化特性,将煤样的应力-应变曲线和特征温度下 CO 浓度演化过程进行对比分析,具体如图 8-1 所示。

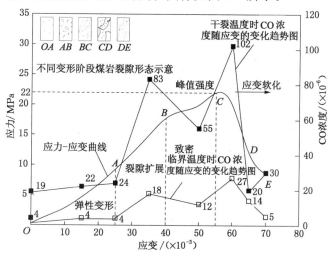

图 8-1　煤样应力-应变曲线和特征温度下 CO 浓度演化过程

由图 8-1 可知:特征温度下各煤样的 CO 浓度-应变曲线与应力-应变曲线具有相似的规律,煤层赋存初始载荷与煤体的氧化能力非线性正相关,即煤体的总孔体积和孔径分布并非因初始载荷的增大而始终向着有利于煤体氧化的方向发展,煤温达到临界温度和干裂温度时 A_{15} 和 A_{25} 煤样 CO 浓度骤增,8 个煤样氧化能力大小顺序为:$A_{25} > A_{15} > A_{20} > A_{30} > A_{35} > A_{10} > A_{05} > A_{00}$。

A_{05}、A_{10} 煤样承受的载荷处于应力-应变曲线的 *OA* 段,此阶段煤样处于弹性变形阶段,卸荷后煤样几乎恢复原状,O_2 较难进入煤样内部,煤氧作用多在煤样表面进行,煤样氧化能力总体较弱；A_{15}煤样承压状态处于 AB 段，煤样产生塑性变形，内部微孔孔径变大，在垂直主应力方向裂隙不断扩展但并未完全贯通，煤样由压缩变为膨胀，渗透率缓慢增加[60]，此时 O_2 经裂隙孔道进入煤样内部，为煤分子发生氧化反应提供充分的物质基础；随着初始载荷的增加，处于 BC 段的 A_{20} 煤样虽产生塑性变形，但煤体内部微孔闭合，新产生的残缺裂隙受到挤压而产生致密效应，煤样内部 O_2 减少，煤氧反应受到抑制；处于 CD 段的 A_{25} 煤样承受的初始载荷明显高于煤样的峰值强度（22 MPa），煤样破裂，出现明显应变软化现象，此时煤样内部裂隙交错且完全贯通，外表面宏观裂隙较为清晰，渗透率达到最大值[60]，煤样内部 O_2 呈充盈状态，煤氧复合反应最强烈；处于 DE 段的 A_{30}、A_{35} 煤样在较高初始载荷作用下，密度变大，内部裂隙被压实，渗透率急剧降低，又因它们均经历了弹性变形、塑性变形、破碎等阶段，其裂隙形态发育阶段必然比原始煤样、弹性变形阶段煤样好，峰后煤样内部的 O_2 填充率普遍大于原始煤样、弹性变形阶段煤样，因此 A_{30}、A_{35} 煤样氧化反应剧烈程度低于 A_{25} 煤样，强于 A_{00}、A_{05}、A_{10} 煤样。

由上述分析可知，赋存在不同应力条件下的深部煤层，应力作用使煤体发生压缩变形，可塑性增强，宏观裂隙发育，进而影响煤基质微观孔裂隙的发育、发展和贯通，改变煤体的吸氧特性、与 O_2 的接触能力，间接影响煤体的氧化能力。

由图 2-4 知，王台矿原煤峰值强度为 22 MPa，当对煤体施加 25 MPa 载荷加卸荷作用时煤体的氧化能力最强。假定煤体最易氧化所对应的煤层赋存的初始载荷为 σ_0，煤体峰值强度为 σ_{st}，建立煤体氧化能力与煤层赋存应力环境和煤体峰值强度之间的关系式，即 $\sigma_0 = k\sigma_{st}$（k 为相关系数）。煤体氧化能力与赋存应力、煤体峰值强度之间存在着临界阈值。随着埋深的增大，地应力增高，采动后的煤体氧化能力不断升高；当地应力达到一定程度后，随地应力的继续增高，采动后的煤体氧化能力又降低。当 $k = 1.136$ 时，煤层在赋存的应力环境下采动后最易于氧化；当 $k < 1.136$ 时，k 值越小，煤层在赋存的应力环境下采动后未破碎，难于氧化；当 $k > 1.136$ 时，k 值越大，煤层在赋存的应力环境下采动后越难于氧化。

8.1.2 卸荷煤体孔裂隙特征对氧化特性影响分析

由 8.1.1 小节可知：不同初始载荷卸荷煤体氧化能力存在差异，其原因是不同初始载荷下卸荷煤体孔裂隙形态不同，从而影响煤分子与 O_2 接触的难易程度。本小节采用美国麦克仪器公司生产的 9310 型压汞微孔测定仪对不同初始载荷下卸荷煤样孔体积、各孔段孔体积百分比、比表面积等参数进行测定。

在煤的升温氧化过程中，O_2 分子需通过孔隙通道进入煤样中参与反应，氧化产物也需要通过孔隙通道排出。为更好地分析煤样在不同初始载荷和温度下的孔径、孔体积等微观孔裂隙形态特征，在煤样卸荷氧化实验结束后，从实验装置中取出煤样，对其进行压汞实验，实验结果如图 8-2 所示。

O_2 与煤样的氧化反应受煤样的总孔体积和孔径分布两因素的共同制约。总孔体积在一定程度上表征能够与 O_2 分子进行反应区域的大小；孔径分布则决定气流在煤孔隙中流动的难易程度，制约着 O_2/CO 的进出，直接影响 CO 的产生量。

采用 B.B.霍多特的孔隙分类方法[106]，统计各煤样不同类型孔隙的孔体积和所占百分比，如表 8-1 所示。由图 8-2 和表 8-1 可知，各实验煤样小孔孔体积均比大孔、中孔大了一个数量级，小孔和微孔孔体积较大孔和中孔的占绝对优势，小孔和微孔孔体积是总孔体积的主要贡献者。文献[107]中指出：孔隙平均直径越大，比表面积越小；孔隙平均直径越小，比表

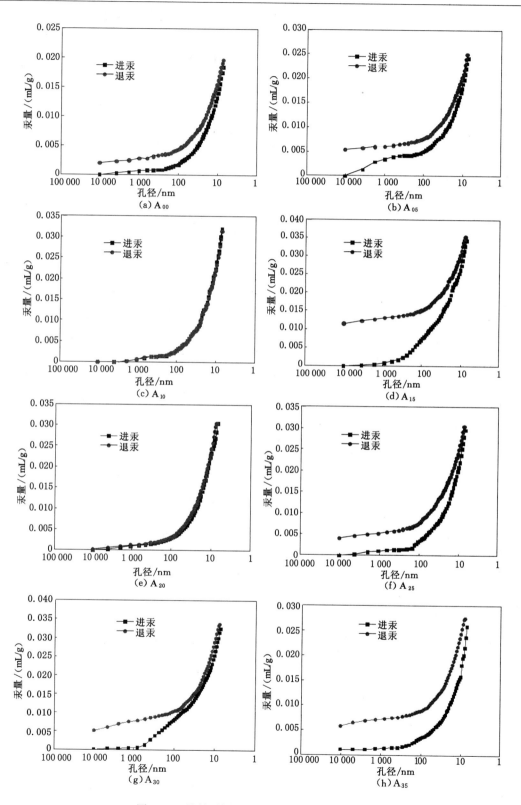

图 8-2　不同初始载荷条件下氧化煤样孔径分布

面积越大。

表 8-1 不同初始载荷条件下氧化煤样孔体积分布

煤样	孔体积/(mL/g)					百分比/%			
	大孔	中孔	小孔	微孔	总孔体积	大孔	中孔	小孔	微孔
A_{00}	0.000 7	0.001 0	0.011 6	0.005 2	0.018 5	3.78	5.41	62.70	28.11
A_{05}	0.003 5	0.001 5	0.012 4	0.006 2	0.023 6	14.83	6.36	52.54	26.27
A_{10}	0.000 7	0.002 2	0.013 1	0.007 2	0.023 2	3.02	9.48	56.47	31.03
A_{20}	0.001 0	0.002 1	0.019 3	0.007 9	0.030 3	3.30	6.93	63.70	26.07
A_{25}	0.001 2	0.002 4	0.020 3	0.010 1	0.034 0	3.53	7.06	59.71	29.71
A_{30}	0.000 6	0.007 2	0.018 4	0.007 7	0.033 9	1.77	21.24	54.28	22.71
A_{35}	0.001 3	0.002 1	0.017 5	0.007 2	0.028 1	4.63	7.47	62.28	25.62

O_2 与煤体的氧化反应多在孔隙表面进行,一定孔体积时,小孔、微孔所能提供的煤氧反应的比表面积远远大于大孔和中孔,因此小孔和微孔是 O_2 与煤体氧化反应区域的主要贡献者。大孔、中孔的孔体积和所能提供的煤氧反应的比表面积较小,在这里不予赘述。为对比分析不同初始载荷卸荷氧化煤样在临界温度和干裂温度时产生的 CO 量与煤样孔裂隙结构发育的对应关系,作出特征温度下 CO 浓度与孔体积随初始载荷变化趋势图,如图 8-3 所示。

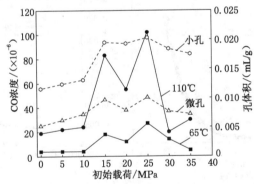

图 8-3 特征温度下 CO 浓度与孔体积随初始载荷变化趋势图

对比图 8-2 和表 8-1 可知,实验煤样总孔体积均比原始煤样大,初始载荷有助于煤样孔裂隙发育,使其总孔体积增大,氧化能力增强。随初始载荷增加,卸荷后煤样内部的小孔和微孔的孔体积逐渐增大,煤样与 O_2 接触的能力变强,从而间接使煤样氧化能力增强;当初始载荷达到 25 MPa 时,卸荷后的煤样孔体积最大,煤样的氧化能力最强;当初始载荷大于 25 MPa 时,小孔和微孔的孔体积减小,煤样与 O_2 接触的机会减少,氧化能力亦相应减弱。图 8-3 中特征温度下实验煤样氧化产生的 CO 浓度的变化规律和小孔、微孔孔体积随初始载荷变化趋势相同,曲线均呈现"驼峰"状,表明不同初始载荷下卸荷后煤样内部孔裂隙结构变化直接影响煤样的氧化能力。即随着初始载荷增大,煤样初期氧化能力增强,达到一定的初始载荷后,卸荷后煤样氧化能力又开始减弱。采动卸荷煤体氧化能力并非与初始载荷呈线性关系。

8.2　煤体氧化特性微观机理分析

8.2.1　基于 AFM 的煤体微观结构研究

煤是一种含多孔介质的大分子聚合物,其组成和结构复杂,演化过程多变。深部煤层在开采前积聚了大量的弹性应变能,采后煤体发生破碎,其微观孔隙结构经开采时的加卸荷过程必将发生变化。在卸荷煤体中,小孔和微孔是 O_2 与煤体氧化反应的主要贡献者。且煤在升温氧化过程中,其表面结构不断发生变化。因此,通过 AFM 观察煤的表面结构特征,具有重要的实际意义。

本节通过原子力显微镜技术,研究煤的微观孔隙结构;并利用原子力显微镜高分辨率成像的优势和定量分析功能,对原始煤样、加卸荷煤样、加卸荷程序升温氧化煤样的微观变化进行观察分析。

8.2.2　实验过程

实验煤样分别为原始煤样、加卸荷煤样、加卸荷程序升温氧化煤样。由于 AFM 在成像过程中,探针和被测样品的间距始终保持在纳米量级,要求煤样表面尽可能平整。在使用 AFM 观察前应对煤样进行清洗,以清除煤样表面吸附的杂质颗粒。

分别将 3 种煤样在 AFM 上进行扫描,扫描范围为 10 μm×10 μm。在扫描结束之后,运用 NanoScope(R)Ⅲ Version 5.12b48 图像处理软件对扫描结果进行处理和分析。

8.2.3　实验结果与讨论

8.2.3.1　不同煤样孔隙特征及孔隙结构分析

图 8-4 为原始煤样 AFM 扫描图像,图中颜色深浅不同,表明介观尺度下煤样表面有凹坑和凸起,二维图像中颜色越深表明煤的表面存在凹坑,颜色越亮表明煤的表面有凸起,通过对三维图像的观察同样可以说明。从二维图像可以清楚地看到煤的孔隙特征,煤的表面存在少量中孔,其形状为不规则的圆形,零星分布在煤的表面,中孔直径最大 412 nm,孔深19 nm,直径最小 204 nm,孔深 29 nm,大多孔径集中在 200～400 nm,孔深在 15～30 nm。但孔隙主要以小孔和微孔为主,这主要是因为煤的变质过程是一个芳香稠环体系在温度压力下缩合程度不断增强、芳构化程度不断增大、侧链不断减少缩短的过程,煤孔隙就是煤在变质过程中发生聚气和生气作用形成的。从图中可以清楚地看到煤的表面呈现明暗相间的栅状结构,这种煤的表面形貌特征可能是煤中大分子紧密堆积的结果。原始煤样三维图像显示煤表面存在许多排列致密的尖峰,尖峰高度最大 105 nm,众多较高尖峰堆积形成大的凸起,较低尖峰堆积形成凹坑,可以看出无烟煤的微观表面并不平整,呈高低起伏状。

图 8-5 为加卸荷煤样 AFM 扫描图像。由于煤的高泊松比和可压缩的特征,从二维图像可以看出煤样加卸荷后的孔隙形状普遍发育为椭圆形或不规则的圆形,煤表面明暗相间的栅格结构更加明显,受加卸荷作用,中孔和较大孔隙塌陷或发育成裂隙,孔隙与裂隙之间的连通现象明显。加卸荷煤样三维图像显示煤表面形态发生变化,表现为尖峰状结构变少,相比加卸荷之前较为平整。

图 8-6 为加卸荷程序升温氧化煤样 AFM 扫描图像。可以看出煤样在经历加卸荷和程序升温氧化后其表面形态发生了较大变化。二维图像显示表面呈现模糊的明暗相间的图

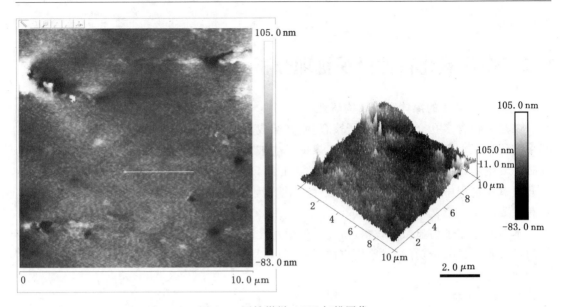

图 8-4 原始煤样 AFM 扫描图像

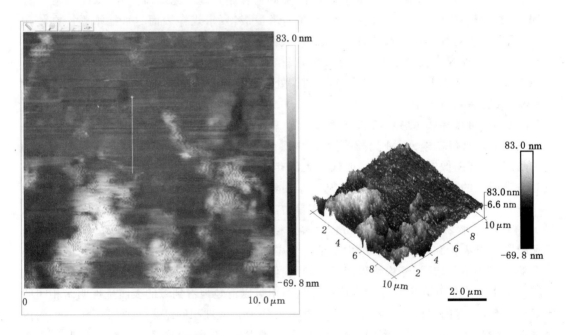

图 8-5 加卸荷煤样 AFM 扫描图像

形,栅格结构消失,但存在众多不规则的圆形暗点;从三维图像可看出煤表面形貌鲜亮光滑,有一些亮的突出瘤状物。

上述从各煤样的二维、三维图像上分析了煤表面形貌在加卸荷和程序升温氧化后产生的变化,但通过二维、三维图像仅能定性观察孔隙形貌及相对大小。AFM 有多种方法测量煤样的表面性质,如横切面分析、粒度分析、相分析等。通过选取煤样一定方向的断面进行横切面分析,可获取煤切面方向表面粗糙度及上下起伏的垂直距离,并可以对单个孔隙的孔

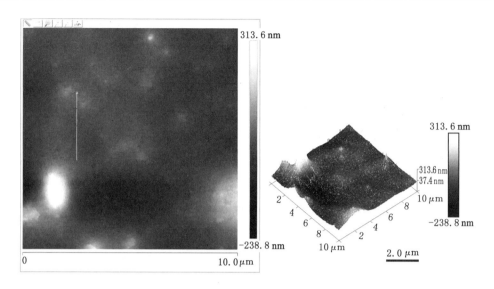

图 8-6　加卸荷程序升温氧化煤样 AFM 扫描图像

径及孔深进行测量。基于此，分别从各煤样 AFM 扫描图像中选取 3 μm，得到各煤样的横切面图，进行进一步分析。

图 8-7 为原始煤样横切面图，通过软件可以测量出切面方向各个孔隙的大小和孔深。可以看出该切面图内存在一些中孔，其余均为孔径 100 nm 以下的小孔和微孔，最大孔隙孔径为 274 nm，孔深为 30.7 nm，最小孔隙孔径为 67 nm，孔深为 4.3 nm。其中，小孔数量用序号在图中标出。

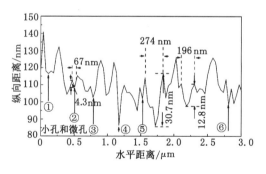

图 8-7　原始煤样 AFM 扫描横切面分析图

图 8-8 为加卸荷煤样横切面图。从图中可以看出加卸荷后煤样中小孔和微孔数量增多，其中最小孔隙孔径为 54 nm，孔深为 2.3 nm，中孔数量减少。加卸荷作用使煤体变得松散，小孔和微孔数量增多，较大孔和中孔主要发育为微型裂隙，裂隙贯通性增强，空气在煤体中更容易流通，煤体对 O_2 的吸附作用变强。

图 8-9 为加卸荷程序升温氧化煤样横切面图，加卸荷程序升温氧化后煤体的表面形态发生较大改变，切面图显示煤中微观孔隙数量有减少的趋势，这可能是煤体在高温环境作用下微观结构产生缩合所致。

8.2.3.2　不同煤样粗糙度分析

粗糙度对物质的物理性质有着很大的影响。AFM 使得粗糙度的测量非常方便。

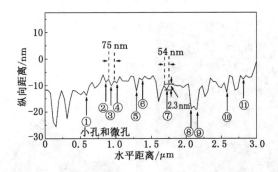

图 8-8　加卸荷煤样 AFM 扫描横切面分析图

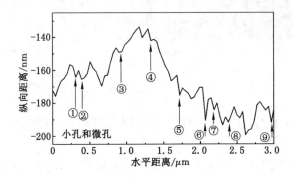

图 8-9　加卸荷程序升温氧化煤样 AFM 扫描横切面分析图

NanoScope Analysis 软件 Roughness 界面中 R_a 为算术平均粗糙度，R_q 为均方根粗糙度，为最常用的两种参数。其数学表达式分别为：

$$R_a = \frac{1}{n} \sum_{i=1}^{n} |y_i| \tag{8-1}$$

$$R_q = \sqrt{\frac{1}{n} \sum_{i=1}^{n} y_i^2} \tag{8-2}$$

式中，y_i 为位置 i 处的表面高度。

通过 NanoScope Analysis 软件，对每个煤样分别测量两个不同区域，即可得到 R_a 和 R_q。经计算得到不同煤样表面粗糙度的平均值，如图 8-10 所示。

由图 8-10 可知，各煤样 R_q 均大于 R_a，原始煤样 R_a、R_q 最小，加卸荷煤样最大，说明加卸荷之后煤样孔裂隙发育，表面粗糙度增大，而程序升温氧化后 R_a、R_q 有减小的趋势，说明煤样经升温加热后表面形态发生变化，表面粗糙度减小。

8.2.3.3　不同煤样高度分布分析

偏斜度和峭度可以用来表征煤表面的高度分布。由各煤样 AFM 扫描图像可看出煤的表面高低起伏，所以选用偏斜度和峭度来描述煤表面的高度分布。其中，偏斜度（S_k）是表征表面高度分布对称性的参数，S_k 大小分三种情况：表面高度对称分布，则 $S_k = 0$；表面分布在基准面之下有大的尖峰，则 $S_k < 0$；表面分布在基准面之上有大的尖峰，则 $S_k > 0$。峭度（K）是表征表面平整度的参数。$K > 3$，表明表面有较多的高峰和低谷，表面相对尖锐；$K < 3$，表明表面相对平整[98]。

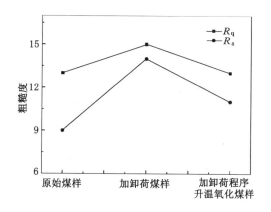

图 8-10 不同煤样表面粗糙度

通过 NanoScope Analysis 软件得到原始煤样、加卸荷煤样、加卸荷程序升温氧化煤样 S_k 分别为 0.723、0.950、0.788，K 分别为 4.17、4.76、4.22。可以看出，S_k 在 0～1 之间波动，说明煤表面有高峰和低谷；K 均大于 4，表明煤表面有较多的高峰和低谷。加卸荷和程序升温氧化后煤样的 S_k 和 K 值均表现为先增大后减小的变化趋势。

8.2.3.4 不同煤样分形分析

由 AFM 扫描得到的煤的三维空间形貌，可以看出曲面上有大小不平的凸起。通过判断它们之间的自相似性，可计算得到煤样的表面分形维数。分形维数通常用于介观尺度下样品表面结构的分析，为具有复杂表面结构的物质提供了新的分析思路。常用的分形分析方法有小岛法（SIM 法）和功率谱密度法（PSD 法）。PSD 法可通过 NanoScope Analysis 软件直接进行处理，能有效避免人为因素产生的误差，所以对煤样表面的分形维数分析选用 PSD 法。

应用 PSD 法，对一个周期为 $2l$ 的周期函数 $f(x)$，可用傅立叶级数来表示，即

$$f(x) = \sum_{n=-\infty}^{\infty} C_n e^{in\pi x/l}, C_n = \frac{1}{2l} \int_{-l}^{l} f(x) e^{-in\pi x/l} dx \tag{8-3}$$

式中，C_n 为离散频谱，反映了函数 $f(x)$ 中频率为 $n\pi/l$ 的谐波成分。

对于非周期函数 $\varphi(x)$，可将其看作周期 $2l \to \infty$ 的周期函数。利用式（8-3）得到：

$$\varphi(x) = \lim_{l \to \infty} \varphi_1(x) = \lim_{l \to \infty} \sum_{n=-\infty}^{\infty} \frac{1}{2l} \left(\int_{-l}^{l} \varphi_l(T) e^{-in\pi T/l} dT \right) e^{-in\pi T/l} \tag{8-4}$$

令：

$$\Delta\omega = 2\pi\Delta f = \frac{\pi}{l} \tag{8-5}$$

式中，f 为频率；ω 为角频率。

将式（8-5）代入式（8-4）得：

$$\begin{aligned}
\varphi(x) &= \frac{1}{2\pi} \lim_{\Delta\omega \to 0} \sum_{n=-\infty}^{\infty} \left[\left(\int_{-\pi/\Delta\omega}^{\pi/\Delta\omega} \varphi_1(T) e^{-in\Delta wT} dT \right) e^{in\Delta wTx} \right] \Delta\omega \\
&= \frac{1}{2\pi} \int_{-\infty}^{\infty} \left(\int_{-\infty}^{\infty} \varphi(T) e^{iwT} dT \right) e^{iwTx} d\omega
\end{aligned} \tag{8-6}$$

由此可得：

$$\varphi(x) = \frac{1}{2\pi} \int_{-\infty}^{\infty} F(\omega) e^{i\omega x} d\omega \tag{8-7}$$

$$F(\omega) = \int_{-\infty}^{\infty} \varphi(T) e^{-i\omega T} dT \tag{8-8}$$

式中，$F(\omega)$ 为 $\varphi(x)$ 的傅立叶变换，称为频谱密度函数，简称频谱。

若 $\varphi(T)$ 只在 $[0,\tau]$ 的时间间隔内存在，则在 $(-\infty,0]$ 内 $\varphi(T)=0$。从而式(8-8)变为：

$$F(\omega,\tau) = \int_0^{\tau} \varphi(T) e^{-i\omega T} dT \tag{8-9}$$

在 $[0,\tau]$ 内频谱平方的平均值定义为功率谱 $S(\omega)$，即

$$S(\omega) = \frac{1}{\tau} \left[F(\omega,\tau) \right]^2 \tag{8-10}$$

若 $\varphi(t)$ 是一条分形曲线，则功率谱 $S(\omega)$ 符合幂函数定律，即

$$S(\omega) = \propto \omega^{-\beta} \tag{8-11}$$

式中，β 为与分形维数相关的幂指数。

对式(8-8)作对数变化可得到 $S(\omega)$ 和 ω 之间与尺度选取无关的线性关系式：

$$\ln S(\omega) = -\beta \ln \omega + \ln m \tag{8-12}$$

式中，m 为常数。

若 $S(\omega)$ 与 ω 在双对数坐标中呈线性关系，则表明颗粒表面的功率谱密度有分形特征，分形维数可表达为：

$$D_s = \frac{7-\beta}{2} \tag{8-13}$$

通过处理 AFM 扫描图像可以得出空间频率及对应的功率谱密度，再使用 NanoScope Analysis 软件对图像进行二值化处理，即可得到煤颗粒相应的功率谱密度和空间频率，然后进行双对数处理并作图拟合，遂得到最佳斜率。

图 8-11 至图 8-13 分别为原始煤样、加卸荷煤样、加卸荷程序升温氧化煤样表面颗粒 PSD 图。由图可知所有线性拟合的相关系数均接近 1，说明相关性较好，即具有很好的线性关系，符合煤表面的自相似性。因此，可以利用 PSD 法进行分形分析。各煤样的分形维数可通过式(8-13)得出。

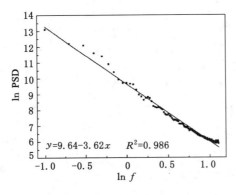

图 8-11　原始煤样表面颗粒 PSD 图

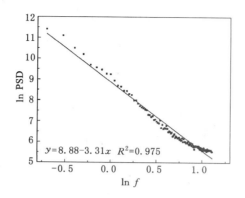

图 8-12 加卸荷煤样表面颗粒 PSD 图

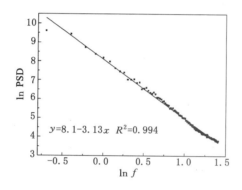

图 8-13 加卸荷程序升温氧化煤样表面颗粒 PSD 图

各煤样 PSD 图拟合直线的最佳斜率分别为 3.62、3.31、3.13,分形维数分别为 1.690 0、1.845 4、1.935 0。从原始煤样到加卸荷煤样再到加卸荷程序升温氧化煤样,分形维数逐渐增大,说明煤体经加卸荷和程序升温氧化后表面分形维数发生变化,表面介观特性已改变。

8.3 加卸荷煤体孔裂隙特征对氧化特性影响定量分析

本书第 5 章已经对反复加卸荷煤体氧化过程中的指标气体产物和氧化特性进行了分析,本节将结合反复加卸荷煤体的液氮吸附实验结果,分析微观孔裂隙特征对反复加卸荷煤体自燃特性的影响。反复加卸荷煤样的低温氮气吸附等温线如图 8-14 所示。

由图 8-14 可知,反复加卸荷煤样的吸附量均显著高于原始煤样,随反复加卸荷次数的增加煤样吸附量逐渐增大;吸附-脱附曲线的开口大小(吸附量与脱附量的差值)随反复加卸荷次数增加逐渐增大,煤样对 N_2 的物理吸附能力逐渐增强,这可能是由于反复加卸荷作用使煤样的孔裂隙逐渐发育,而孔隙中孔壁对吸附分子的作用势相互重叠,使其对气体分子的吸附能增大[108],在液氮温度下,孔隙中的 N_2 分子不能获得足够的能量克服孔隙对其的吸附作用力;在程序升温氧化过程中,通入相同流量空气,反复加卸荷作用使煤样孔裂隙通道表面吸附的能够参与煤体氧化反应的 O_2 分子数量增多,这与第 5 章中结论"随反复加卸荷次数增加,煤样氧化产生的 CO 量、O_2 消耗量逐渐增多"相吻合。因此,反复加卸载作用通过改变煤体的孔裂隙形态,增强煤体与 O_2 的接触能力,从而间接影响煤体氧化特性。

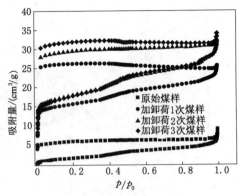

图 8-14　反复加卸荷煤样的低温氮气吸附等温线

为表征反复加卸荷煤样的微观孔隙特征,基于 BJH 模型对不同工况下的等温液氮吸附数据进行处理,得出煤体微观孔隙的 BJH 比表面积、BJH 孔体积和吸附量与脱附量差值等参数,并结合图 5-4 中的数据整理出反复加卸荷煤样 CO 产生速率及孔隙参数对比表和反复加卸荷煤样与前一工况煤样参数变化差值表,如表 8-2 和表 8-3 所示。

表 8-2　反复加卸荷煤样 CO 产生速率与孔隙参数对比

煤样	临界温度时 CO 产生速率 /[10^{-5} mol/(cm³·s)]	干裂温度时 CO 产生速率 /[10^{-5} mol/(cm³·s)]	BJH 比表面积 /(m²/g)	BJH 孔体积 /(mL/g)	(吸附量－脱附量) /(cm³/g)
原始煤样	0.030 2	0.075 9	8.312	0.016	5.018
加卸荷 1 次煤样	0.088 4	0.429 5	16.559	0.024	21.532
加卸荷 2 次煤样	0.190 5	1.105 0	24.712	0.035	23.165
加卸荷 3 次煤样	0.205 0	1.188 8	27.002	0.038	26.122

表 8-3　反复加卸荷煤样与前一工况煤样参数变化差值

煤样(加卸荷 $X_n - X_{n-1}$ 次)	$X_1 - X_0$	$X_2 - X_1$	$X_3 - X_2$
临界温度 CO 产生速率/[10^{-5} mol/(cm³·s)]	0.058 2	0.102 1	0.014 5
干裂温度 CO 产生速率/[10^{-5} mol/(cm³·s)]	0.353 6	0.675 5	0.083 8
BJH 比表面积/(m²/g)	8.247	8.153	2.290
BJH 孔体积/(mL/g)	0.008	0.011	0.003
(吸附量－脱附量)/(cm³/g)	16.514	1.633	2.957

依据表 8-2 的汇总数据,可以绘制出反复加卸荷煤样临界温度和干裂温度时的 CO 产生速率与 BJH 比表面积、BJH 孔体积之间的对比图,如图 8-15 和图 8-16 所示。

由图 8-15 和表 8-3 可知,随着反复加卸荷次数的增加,加卸荷 1 次与加卸荷 2 次煤样在临界温度和干裂温度时的 CO 产生速率出现明显的上升,加卸荷 3 次煤样较加卸荷 2 次煤样 CO 产生速率虽相对增加,但增加幅度相对较小。同时,随着反复加卸荷次数的增加,煤

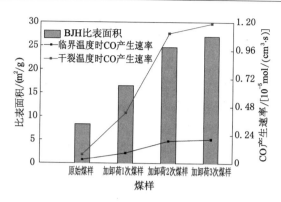

图 8-15　反复加卸荷煤样的 CO 产生速率与 BJH 比表面积对比图

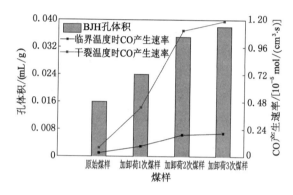

图 8-16　反复加卸荷煤样的 CO 产生速率与 BJH 孔体积对比图

样的 BJH 比表面积也呈现先陡然上升后平缓增加的趋势。虽然从现有的实验数据中可知对原始煤样加卸荷前 3 次其 CO 产生速率和 BJH 比表面积均逐渐增加,但不排除随着反复加卸荷作用的进一步增强,煤样 CO 产生速率和 BJH 比表面积增加幅度逐渐减小,甚至出现 CO 产生速率和 BJH 比表面积降低的情况。可推断,在对煤样进行反复加卸荷氧化实验过程中,存在最佳的反复加卸荷次数(≥3 次)和最佳 BJH 比表面积(≥27.002 m^2/g)使得煤样发生氧化自燃的能力最强,但受限于实验仪器自身的局限性和经费,上述预想还有待进一步研究。

从图 8-16 和表 8-3 可以看出,随着加卸荷次数的增加,煤样的总孔体积逐渐增加。相对原始煤样而言,加卸荷 1 次和加卸荷 2 次煤样总孔体积增加幅度较大,加卸荷 3 次煤样总孔体积增加趋势相对缓和;随加卸荷次数的增加,总孔体积的变化趋势与比表面积的变化趋势相同。因为孔隙平均直径越大,比表面积越小,孔隙平均直径越小,比表面积越大[86],可以猜想,在加卸荷过程中,既存在微孔增加的现象,又存在中孔、大孔塌陷裂变的现象。从现有的实验数据并结合煤体吸附量与脱附量差值可知,随加卸荷次数的增加,煤样对 O_2 的有效吸附孔隙逐渐增多,另外加卸荷 3 次煤样较加卸荷 2 次煤样总孔体积增加幅度小。可以推断随着加卸荷次数的进一步增加,煤体的总孔体积可能有减小趋势,有可能对煤体氧化自燃产生一定的阻碍作用。综合来看,存在一个最佳的加卸荷次数,使得煤体的氧化自燃状态达到最优,但上述预想还有待进一步研究。

8.4　采动煤体裂隙对蓄热传热的影响

热源的积聚能加快的氧化速度,扩大高温热源影响范围,促使高温热害形成,增大高温热源引发瓦斯燃烧爆炸概率,使热动力灾害事故进一步升级。从本质上而言,热流是诱发热源积聚与传递的载体,裂隙是热流的渗透与传热通道,热流和裂隙对采动裂隙煤体的氧化蓄热、高温区蔓延和热灾害扩大起着主控作用。煤氧化自燃、高温热害、瓦斯燃烧爆炸,这三种灾害之间相互演变的关键问题是热的演变,而煤氧化自燃在高温热害和瓦斯燃烧爆炸的相互演变过程中起到桥梁作用,具体演变关系如图 8-17 所示。

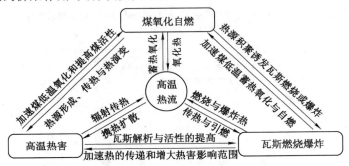

图 8-17　三种灾害之间热演变示意图

在采动作用下,首先 O_2 通过煤岩体裂隙进入气流边界层并在煤体的灰层和内部微孔中进行扩散,随后在煤体表面产生化学吸附,进一步发生氧化反应;解吸后的煤体反应产物又通过其内部微孔扩散至煤的燃烧外表面,进一步加速燃烧反应,燃烧反应产物和未燃烧反应产物再继续扩散,并通过煤岩体裂隙进入气流边界层扩散至地表大气中。因此,煤体裂隙处呈"呼吸"状态,扩散时间则主要取决于气流速度和煤岩体裂隙的数量及宽度。

8.4.1　数学、物理模型

由于裂隙煤体内的空气流速较低,可视为不可压缩流体;同时,可忽略裂隙内气流运动产生的摩擦力和热能,将气流动力黏滞系数看作标量处理;将裂隙中气流看作稳态层流;裂隙进口处的气流速度均匀分布。

对于采动裂隙煤体的高温热气流运动,本书采用的是二维层流稳态不可压缩流动,故可应用质量守恒方程。

(1)质量守恒方程

$$\frac{\partial(\rho u)}{\partial x} + \frac{\partial(\rho v)}{\partial y} = 0 \qquad (8-14)$$

式中,ρ 为气体的密度,kg/m^3;u,v 分别为横向、纵向速度分量,m/s。

考虑各层流体的速度不同,任意两层流体之间将互施作用力以阻碍各层流体之间的相互作用。

(2)动量守恒方程

$$\frac{\partial(\rho u u)}{\partial x} + \frac{\partial(\rho v u)}{\partial y} + \frac{\partial p}{\partial x} - \frac{\partial}{\partial x}\left[2\mu\frac{\partial u}{\partial x} - \frac{2}{3}\mu\left(\frac{\partial u}{\partial x} + \frac{\partial v}{\partial y}\right)\right] - \frac{\partial}{\partial y}\left[\mu\left(\frac{\partial u}{\partial y} + \frac{\partial v}{\partial x}\right)\right] = 0$$

$$(8-15)$$

$$\frac{\partial(\rho uv)}{\partial x}+\frac{\partial(\rho vv)}{\partial y}+\frac{\partial p}{\partial y}-\frac{\partial}{\partial y}\left[2\mu\frac{\partial v}{\partial y}-\frac{2}{3}\mu\left(\frac{\partial u}{\partial x}+\frac{\partial v}{\partial y}\right)\right]-\frac{\partial}{\partial x}\left[\mu\left(\frac{\partial u}{\partial y}+\frac{\partial v}{\partial x}\right)\right]=0$$

$$(8\text{-}16)$$

式中，μ 为气体的动力黏度。

（3）能量守恒方程

$$\frac{\partial(\rho uh)}{\partial x}+\frac{\partial(\rho vh)}{\partial y}+\frac{\partial}{\partial x}\left(\rho\sum_{k=1}^{k_g}Y_k h_k v_{k,x}-\lambda_g\frac{\partial t}{\partial x}\right)+\frac{\partial}{\partial y}\left(\rho\sum_{k=1}^{k_g}Y_k h_k v_{k,y}-\lambda_g\frac{\partial t}{\partial y}\right)=0$$

$$(8\text{-}17)$$

式中　　h——总焓，J；

　　　　k_g——气体种类数；

　　　　k——气相指数；

　　　　λ_g——气体的导热系数，W/(m·K)；

　　　　Y_k——气体的质量分数，%；

　　　　v_k——组分扩散速度，m/s；

　　　　t——温度，℃。

由于热气流是含有多种不同成分的物质，因此需要采用多组分方程来进行计算。

（4）组分运输方程

$$\frac{\partial(\rho uY_k)}{\partial x}+\frac{\partial(\rho vY_k)}{\partial y}+\frac{\partial}{\partial x}(\rho Y_k v_{k,x})+\frac{\partial}{\partial y}(\rho Y_k v_{k,y})=0 \quad (k=1,\cdots,k_g) \quad (8\text{-}18)$$

在采动过程中，煤层受力变化会导致煤体发生变形，其中的裂隙改变。本书将工程问题进行简化，截取裂隙单一的煤体用于数值模型分析。裂隙受挤压变小的情况，可以视为裂隙中添加一个障碍物。工程实际中所注入灭火材料的导热系数非常低，故在本模拟中视为绝热边界。采动煤体裂隙演化示意图如图 8-18 所示，采用 Gambit 软件建立裂隙煤体的几何模型，煤体横切面尺寸为 50 mm×100 mm，裂隙两端口尺寸为 10 mm。热气流以不同的流速从裂隙下端口进入。

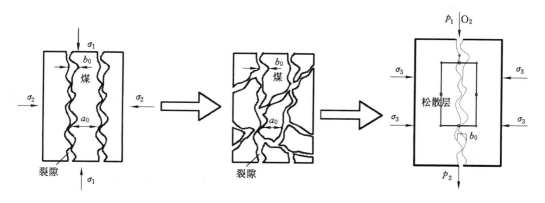

图 8-18　采动煤体裂隙演化示意图

裂隙下端口设为速度入口边界，热气流沿垂直下端口方向均匀进入裂隙，且热气流分布均匀，裂隙出口设为自由出流边界，即 $u_i/x_i=0$，$p=p_{\text{out}}$；将裂隙内的所有壁面均视为固定壁面，即 $u_i=0$，且选择标准壁面函数法来处理近壁面，煤体外壁壁面均视为恒温。模拟工况如表 8-4 所示。

表 8-4　模拟工况表

工况	流速/(m/s)	温度/℃
工况 1	0.01	50
工况 2	0.01	100
工况 3	0.01	150
工况 4	0.03	50
工况 5	0.03	100
工况 6	0.03	150
工况 7	0.05	50
工况 8	0.05	100
工况 9	0.05	150
工况 10	0.1	50
工况 11	0.1	100
工况 12	0.1	150

8.4.2　模拟结果与分析

8.4.2.1　速度对传热特性的影响

本章对煤裂隙网络进行了简化分析。采用 Fluent 数值仿真软件进行仿真,并生成煤矸石裂隙内温度场分布云图如图 8-19 所示。模型 1,4,7,10,模型 2,5,8,11,模型 3,6,9,12 分别是在温度为 323 K,373 K,423 K 条件下热气流以不同的流速通过煤矸石裂隙的温度场分布云图。在煤矸石裂隙有无障碍物状态下,当热气流通过煤矸石裂隙的温度一定时,热气流的流速越小,沿程温度下降越快,且热气流的水平影响距离越小。当热气流温度为 373 K 时,在流度为 0.01 cm/s,0.03 cm/s,0.05 cm/s,0.1 cm/s 条件下,最低沿程温度分别可达 305 K,330 K,340 K,350 K。

为了更加深入地研究不同的流速对热气流在煤矸石裂隙内传热过程的影响,提取了模型 2,5,8,11 的垂直中心线的温度曲线,如图 8-20 和图 8-21 所示。在图 8-20 中,当热气流温度一定时,随着流速的减小,煤矸石裂隙内同一位置温度不断下降,且下降幅度越来越大。造成这种现象的原因可能是随着热气流流速的降低,热质迁移量减少,热交换的充分性增加,裂隙内的温度等值线平滑连贯,温度梯度降低[109];同时热气流流速越小,相同时间带来的热量越少。当裂隙中存在障碍物时,如图 8-21 所示,不同流速的热气流在接近障碍物时,煤矸石裂隙内的温度成指数下降,并在障碍物所在位置即 0.1 dm 处达到最低,随着热气流流速的降低,煤矸石裂隙中最低温度分别达到 350 K,346 K,341 K,328 K。相比初始温度 373 K 时下降幅度大小顺序依次为 $A_{0.1}(6.17\%)<A_{0.05}(7.24\%)<A_{0.03}(8.58\%)<A_{0.01}(12.06\%)$,其中流速为 0.01 cm/s 时下降最为显著。说明当热气流温度一定时,流速越小,障碍物对煤矸石裂隙内传热与自燃氧化作用抑制效果越明显。

8.4.2.2　温度对传热特性的影响

如图 8-19 所示,模型 1,2,3,模型 4,5,6,模型 7,8,9,模型 10,11,12 分别是在流速为

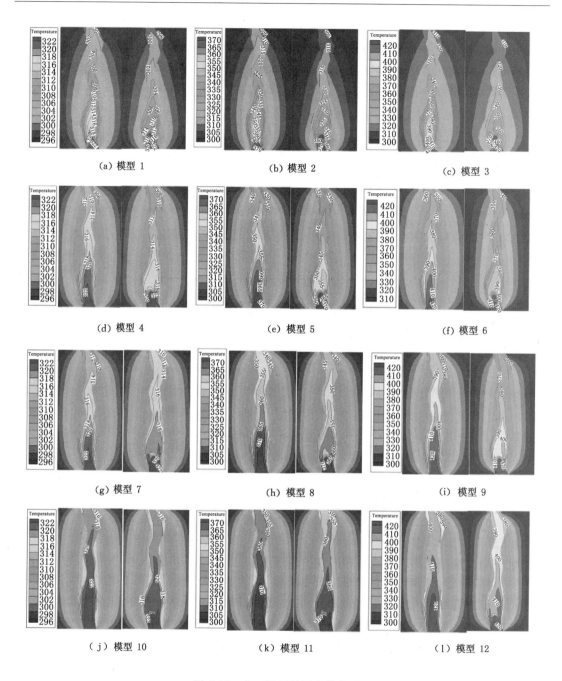

图 8-19 各工况下的温度分布图

0.01 cm/s,0.03 cm/s,0.05 cm/s,0.1 cm/s 条件下热气流以不同的温度通过煤矸石裂隙温度场分布云图。在煤矸石裂隙有无障碍物状态下,当热气流通过煤矸石裂隙的流速一定时,在不同的温度条件下,煤矸石裂隙内温度变化情况是不同的。热气流温度越小,在煤矸石裂隙内同一位置温度越低,沿程温度下降程度越不明显。当热气流流速为 0.1 cm/s 时,在温度为 323 K,373 K,423 K 条件下,最低沿程温度分别可达 316 K,350 K,380 K。

为了更加深入地研究不同的温度对热气流在煤矸石裂隙内传热过程的影响,提取了模

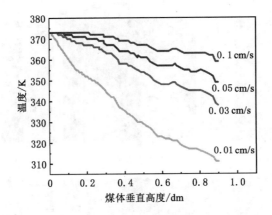

图 8-20　模型 2,5,8,11 无障碍物不同位置的温度曲线

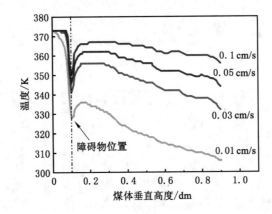

图 8-21　模型 2,5,8,11 有障碍物不同位置的温度曲线

型 4,5,6 的垂直中心线的温度曲线,如图 8-22 和图 8-23 所示。在图 8-22 中,当流速一定时,随着温度的降低,煤矸石裂隙内同一位置温度不断下降,且热气流温度越大,煤矸石裂隙内温度下降幅度越明显。造成这种现象的原因可能是,根据边界层理论,当热气流的温度升高时,边界层厚度会减小,从而传热热阻变小,对流换热强度变大[110]。当温度为 423 K 时,煤矸石裂隙内温度下降幅度最明显,这可能是因为在此温度下裂隙中的煤进入快速氧化阶段,氧化过程中激活了大量的活性基团,这些活性基团产生了大量的热量和自由基,从而激活了更多的活性基团,加速了煤的氧化[111-113],此阶段需要从外界吸收大量的能量,从而导致热气流温度越高,煤矸石裂隙内温度下降幅度越明显。当煤矸石裂隙中存在障碍物时,如图 8-23 所示,不同温度的热气流越接近障碍物,煤矸石裂隙内的温度下降越明显,并在障碍物所在位置即 0.1 dm 处达到最低,随着热气流温度的降低,煤矸石裂隙中最低温度分别达到 368 K,341 K,312 K。不同热气流温度下,煤矸石裂隙中温度下降幅度大小顺序依次为 $A_{323}(3.72\%) < A_{373}(8.58\%) < A_{423}(13.00\%)$。热气流温度为 423 K 时下降最为明显。说明当热气流流速一定时,温度越低,障碍物对煤矸石裂隙内传热与自燃氧化作用抑制效果越明显。

8.4.2.3　障碍物对传热特性的影响

如图 8-19 所示,模型 1—12 为煤矸石裂隙内有无障碍物温度分布对比图。当热气流穿

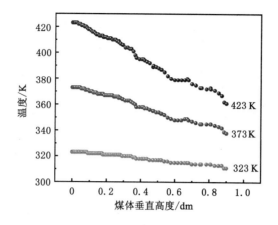

图 8-22 模型 4,5,6 无障碍物不同位置的温度曲线

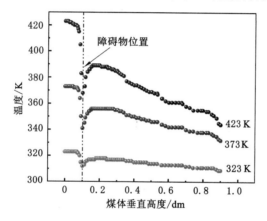

图 8-23 模型 4,5,6 有障碍物不同位置的温度曲线

过障碍物时,煤矸石裂隙内的温度大大降低,由模型 6 和 9 可以清楚地看到,在障碍物后方有一部分温度是比较低的。造成这种现象的主要原因可能是,当热气流到达障碍物时由于黏性力作用将要消耗部分能量,当热气流到达障碍物后方时,由于障碍物表面的动能耗尽,产生逆压梯度,致使被阻滞热气流质点被迫停滞和倒退,热气流出现倒流现象[114]。倒流热气流与来流热气流相遇,使得流体脱离障碍物表面,继而产生边界层与固体表面脱离的现象,形成越来越大的回流区,进而形成涡流,加大热气流流动的能量损失,如图 8-24 和图 8-25 所示。涡流的产生,加大了煤矸石裂隙内的能量损耗,从而导致障碍物附近温度较低,煤矸石的自燃风险性降低。

为了更加深入地研究障碍物对热气流在煤矸石裂隙内传热过程的影响,提取了模型 4,8 的垂直中心线的温度曲线,如图 8-26 和图 8-27 所示。在热气流到达障碍物之前有无障碍物的煤矸石裂隙内的温度均呈类似的变化趋势。由于热气流遇到障碍物形成涡流,加大了热气流流动的能量损失,当热气流接近障碍物时,煤矸石裂隙内的温度迅速下降,并在障碍物所在位置(0.1 dm)达到最低。在模型 4 中,障碍物所在位置的裂隙温度为 312 K,相比无障碍物裂隙内同一位置温度 323 K,下降幅度为 3.41%;同样,在模型 8 中,障碍物所在位置的裂隙温度为 346 K,相比无障碍物裂隙内同一位置温度 373 K,下降幅度为 7.24%。此后

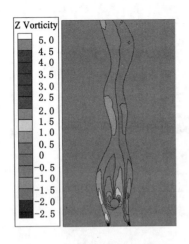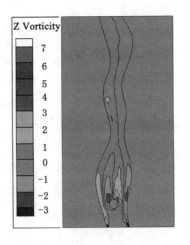

图 8-24　模型 4 涡量云图　　　　　图 8-25　模型 8 涡量云图

有无障碍物煤矸石裂隙内的温度再次保持类似的变化趋势,说明热气流在通过障碍物以后再次汇聚在一起,保持原先的运动状态。存在障碍物的煤矸石裂隙温度始终低于无障碍物的煤矸石裂隙温度,这表明障碍物能够有效抑制热气流在煤矸石裂隙中的传热。

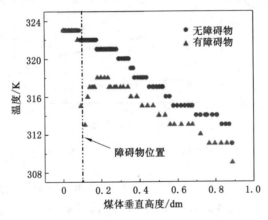

图 8-26　模型 4 不同位置的温度曲线图

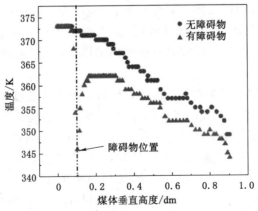

图 8-27　模型 8 不同位置的温度曲线图

8.5　本 章 小 结

（1）当对煤样施加的初始载荷（15 MPa）处于煤体变形的裂隙扩展阶段时，煤样的孔裂隙结构发育较好，氧化特性显著增强；初始载荷（25 MPa）处于破碎阶段时，煤样的孔裂隙完全贯通，氧化能力最强。

（2）各煤样的 CO 产生量-应变曲线与应力-应变曲线具有相似的规律，均呈现"驼峰状"且煤层赋存初始载荷与煤体的氧化能力非线性正相关。

（3）压汞实验表明煤层赋存的应力控制着卸荷后煤体的总孔体积和孔径分布，煤体总孔体积和孔径分布又共同制约着煤体初期氧化反应进程，尤其是小孔和微孔，它们是 O_2 与煤体氧化反应区域的主要贡献者；煤样初期氧化能力变化趋势与小孔、微孔孔体积随初始载荷变化趋势相同，曲线均呈现出"驼峰"状。

（4）建立了煤体氧化难易程度与煤层赋存应力环境和煤体峰值强度之间的关系式，即 $\sigma_0 = k\sigma_{st}$，指出煤体初期氧化难易程度与赋存应力、煤体峰值强度之间存在着临界阈值。$0 < k \leqslant 1.136$ 时，随着埋深的增大，地应力升高，采动后的煤体氧化能力不断升高；当 $k > 1.136$ 时，即地应力达到一定程度后，随地应力的升高，采动后的煤体氧化能力又降低。即采动卸荷煤体氧化能力并非与初始载荷呈线性关系。

（5）对原始煤样反复施加 25 MPa 载荷后卸荷，基于低温液氮吸附实验，随反复加卸荷次数的增加，煤样微观孔隙结构参数 BJH 比表面积、BJH 孔体积和吸附量与脱附量差值均逐渐增加，且在反复加卸荷过程中煤样中存在微孔增加而中孔、大孔塌陷裂变的现象，这较好地解释了"随反复加卸荷次数增加，煤样氧化过程中临界温度和干裂温度下 CO 的产生速率逐渐上升"这一现象。

（6）加卸荷 1 次和加卸荷 2 次煤样均较前一工况煤样的 BJH 比表面积、BJH 孔体积和吸附量与脱附量差值增加幅度大，加卸荷 3 次煤样的微观孔隙结构参数与加卸荷 2 次煤样几乎相同，不排除随加卸荷次数的进一步增加，煤样的微观孔隙结构参数有减小的趋势。所以可推断，在对煤样进行反复加卸荷氧化实验过程中，存在最佳的加卸荷次数和微观孔隙参数而使得煤样发生氧化自燃的能力最强。

9 复杂漏风条件下煤体反复氧化与温升特性

深部开采时,通风路线长,巷道服务时间长,采动影响大,采动煤层易形成复杂的漏风条件。为研究复杂漏风条件下煤体内的温度变化情况,掌握漏风对采空区内破碎煤体自燃的影响,通过大型煤自然发火实验台开展实验。通过实验获得在持续漏风、微漏风、间断漏风等不同漏风条件下煤体氧化升温的规律,为指导火区治理过程中采用均压、封堵等减小漏风的措施提供理论依据。

9.1 实验系统及实验条件

本章实验目的为研究复杂漏风条件下煤矿井下密闭区内煤氧化温升特性,利用大型煤自然发火实验台(5 t)进行实验。大型煤自然发火实验台为煤体提供良好的蓄热条件,使用吨量煤模拟研究煤自燃过程与采空区实际情况更为接近,能很好地反映出自燃高温点的位置及移动规律,能更准确地反映漏风及注氮等因素对煤自燃过程的影响。

开展持续漏风(风量 0.6 m³/h)、微漏风(风量 0.6 m³/h→0)及间断漏风(风量 0.4 m³/h、1.2 m³/h、0.4 m³/h)条件下煤氧化过程与温度变化特性的研究。通过实验可以得到持续漏风条件下风流的散热及供氧能力对煤自燃温升的影响特性,以及密闭区的煤氧化温升的原因;可以观察密闭区内注氮灭火后,煤体氧化温度的变化情况;并可分析复杂漏风环境下密闭区高温点的形成条件和演化规律。通过实验,获得密闭区煤氧化高温点形成的判断依据,可为密闭区煤自燃防治技术提供理论依据。

9.1.1 实验系统

大型煤自然发火实验台装置如图 9-1 和图 9-2 所示,该实验装置由炉体、保温水层、气路及控制检测部分组成。

(1) 炉体结构

炉体呈圆柱形,总高 310 cm,装样部分净高 246 cm,底部气流缓冲层高 20 cm,最大装样高度 226 cm;炉体外径 212 cm,内径 170 cm,总装煤量约 4 800 kg。空气从炉体底部送入,上部为气体出口,气体出口设置有取气管用来检测炉中气体成分。炉体的内外壁之间由绝热层和可控温夹水层组成,夹水层中用电热管控制加热,可使煤体处于较好的蓄热环境中。炉内布置了若干热电偶探头作为监测温度测点,其分布在炉中不同位置。监测温度测点 1、2、4、5、6、7 均位于炉体中轴线位置,各相邻测点之间间距为 32 cm;测点 3 与测点 4 在同一水平面上,间距也为 32 cm。

进气量由空气压缩机和流量控制阀、流量计控制。气体通过加热元件预热后,从炉体底部通入,最后从出口排出。

(2) 控制系统

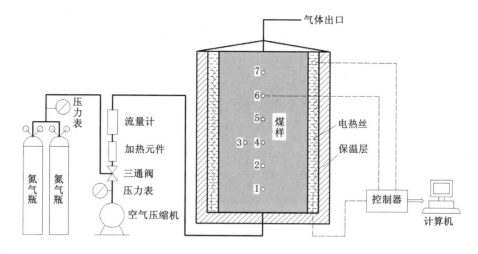

图 9-1　大型煤自然发火实验台系统图

图 9-2　大型煤自然发火实验台实物图

　　大型煤自然发火实验台的控制系统主要有两部分:温度控制系统和风流控制系统。温度控制系统要保证煤体有合理的散热量以及蓄热量。散热大则煤体不会自燃,蓄热过大则煤升温加快。所以,要求炉体内壁绝热性好,热容量小。温度控制系统由电热炉和温度程序系统组成。电热炉由电热器、夹水层及隔热材料等组成,受温度程序系统控制。温度程序系统可使炉壁的温度按既定程序自动变化,从而控制炉内煤体的传导散热量。风流控制系统主要包括对风量、风温、湿度三个方面的控制。

　　实验台跟踪测试主要有两类:一是温度监测;二是气体成分监测。本实验主要研究对象为温度监测,温度监测探头为电偶探头。炉体内各点温度通过炉内 7 个测温探头经电阻调理板进入 A/D 板进行模数转换,储存在微机存储单元中。气体成分监测主要采用气相色谱仪来分析。

9.1.2　实验条件

　　将从煤矿取得的新鲜煤样密封好之后直接运输至实验室,对煤样进行分选、装样。实验参数如表 9-1 所示。

表 9-1 实验参数表

实验条件	供风量/(m³/h)	密度/(g/cm³)	孔隙率/%	吸氧量/(cm³/g)	临界温度/℃	自燃点/℃	起始温度/℃	堆积状态
持续漏风	0.6							
微漏风	0.6→0	1.37	0.70	0.85	71	347	22	自由堆积
间断漏风	0.4 1.2 0.4							

9.2 实验步骤

将实验系统调试完毕后,开启监测系统和空气压缩机,向系统内持续供风量为 0.6 m³/h 的空气,监测持续漏风条件下各测点的温度变化并记录数据;当温度达到 200 ℃时,供风量逐渐由 0.6 m³/h 减少到 0,实验过程中注氮流量为 1.6 m³/h;在上述实验基础上,对系统进行供风→降风→供风→再降风→注氮的实验,供风量分别为 0.4 m³/h、1.2 m³/h、0.4 m³/h,分析各测试点温度变化情况。具体实验步骤如下:

(1) 将煤样装入大煤堆自然发火实验平台,调试实验系统,开始实验。

(2) 开启监测系统和空气压缩机对煤样进行持续供风,模拟采空区漏风条件,供风量为 0.6 m³/s,并加热水浴保温,监测各测点的温度变化并记录数据。

(3) 当煤温达到 200 ℃以后,减小供风量并逐渐停止供风,对煤样进行冷却,模拟采空区微漏风状态下遗煤自燃情况。

(4) 观察大煤堆温度变化,如温度下降则继续对煤样供风并监测温度变化,如果出现高温则向煤堆通入 N₂,模拟采空区注氮防灭火措施,注氮流量为 1.6 m³/h。

(5) 在之前实验的基础上,对系统进行供风→降风→供风→再降风→注氮的实验,供风量分别为 0.4 m³/h、1.2 m³/h、0.4 m³/h,分析各测试点温度变化情况。

(6) 根据温度数据,分析得出不同漏风条件下模拟采空区遗煤氧化自燃性。

9.3 实验结果与分析

9.3.1 持续漏风条件下煤氧化温升特性

在对煤体持续供风条件下,各测点温度变化如图 9-3 所示。从图 9-3 可知:随着供风时间的增加,炉内各测点的温度均呈上升趋势,测点 3 温度大于其他测点温度,且在供风 41 d 后率先达到煤样的临界温度 71 ℃。测点 1 的温度一直低于其他测点,连续供风 58 d 后才达到临界温度。在煤体温度小于 71 ℃时,各测点的温度上升幅度较小,升温速率小,测点间温差较小;当煤体温度超过 71 ℃后,各测点的升温速率增大,测点间的温差越来越大,其中测点 1 升温速率最大,平均为 15.6 ℃/d,最终温度达到 196.6 ℃时停止供风,此时有大量烟雾产生,且出口的 CO 浓度高达 3.2×10⁻³。此过程反映了在低温环境里,煤氧化缓慢,自燃初期的煤体温度上升缓慢,氧化反应周期较长,是采取灭火措施的最佳时机。且在低温氧化阶段,温度的最高点不在距漏风源较近处,而在距漏风源 96 cm 处。随着煤氧作用加剧,距漏风源较近的位置因获得充足的 O_2 产生大量热量,风流的散热速率小于产热速率而导致升温速率加快,最终历经 61 d 后测点 1 的温度均高于其他测点。

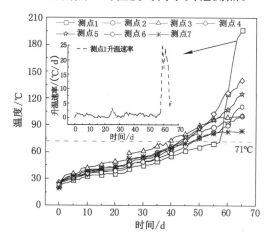

图 9-3　持续漏风条件下煤氧化温升曲线

9.3.2　微漏风条件下煤氧化温升特性

在煤矿实际生产过程中,当井下密闭区发生煤自燃时,往往会采取如封堵、均压等减小漏风的措施来抑制煤氧反应进程。在本实验中,通过不断减小对煤体的供风量,进而分析采取减少漏风措施过程中煤体温升特性,温度变化如图 9-4 所示。

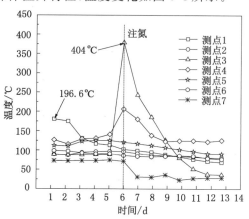

图 9-4　微漏风条件下煤氧化温升曲线

当测点 1 的温度达到 196.6 ℃之后,为避免出现燃烧现象,供风量由 0.6 m³/h 逐渐减小为 0。从图 9-4 可知,在供风量逐渐减小的过程中,各测点温度对漏风变化比较敏感,且均呈下降趋势,测点 1 温度下降幅度最大,其他测点温度下降幅度较小。在停止供风后,测点 3 的煤温不降反升,短时间内升高至 404 ℃,CO 浓度最大达到 6.755×10^{-3},测点 4 的温度也达到 223.8 ℃。出现高温后,向煤体注入流量为 1.6 m³/h 的 N_2,注入 N_2 后,各测点温度均下降,测点 3、4 的温度下降幅度较大。此过程反映了当煤温大于某温度后,单纯减少漏风很难有效控制煤的氧化进程,甚至会出现高温点的突变现象。在本实验停止供风后煤体温度突然成倍上升,原因是连续供风 69 d 后,煤的孔隙、裂隙内吸附和残留了大量 O_2,当供风停止后,煤氧反应仍继续进行,且热量无法因漏风而散失,不断积聚后温度迅速升高。注入 N_2 后,历经 7 h,最高温度降至 261 ℃,在之后 6 d 时间里降至 41 ℃,表明注入的 N_2 置换了煤体孔裂隙内的 N_2,煤氧反应终止,温度下降;同时,N_2 具有良好的吸热性能,也促使煤体内高温点迅速降温。该实验表明,当井下密闭区内出现高温点时,单纯的封堵、均压等减小漏风的措施不一定能抑制煤自燃进程,甚至会出现加速煤氧作用的情况,这与密闭区大小、煤体堆积状态、漏风源、漏风强度等有很大关系。

9.3.3 间断漏风条件下煤氧化温升特性

在实际生产过程中,密闭区周围存在进回风巷道,气压和风量变化会导致向密闭区内的漏风增强或减弱,即存在"呼吸"漏风现象。为进一步了解"呼吸"漏风对密闭区煤氧化温升的影响,在上述实验条件基础上,开展了间断漏风条件下煤氧化温升特性研究。图 9-5 显示了各测点温度变化规律。

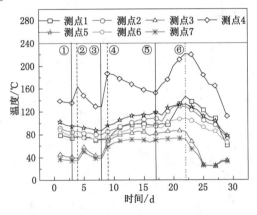

图 9-5 间断漏风条件下煤氧化温升曲线

由图 9-5 可知,前 22 d 时间内对密闭区煤体间断供风,各测点温度整体呈上升趋势,测点 4 温度对间断漏风的反应最灵敏,温度最高升至 220 ℃,密闭区内的高温蓄热现象再次出现。对煤体供风(图 9-5 中①、③、⑤),温度上升;停止供风(图 9-5 中②、④),温度下降。当再次注入 N_2 后(图 9-5 中⑥),各测点温度均迅速下降。密闭区内存在的"呼吸"漏风现象对煤体氧化高温点有较大的影响,直接促使煤体蓄热升温再次出现高温点。因此,对于密闭区内的煤自燃,应尽量采取措施降低密闭区内外压差,避免因"呼吸"漏风现象而诱发煤进一步氧化。

对比持续漏风、微漏风和间断漏风条件下煤体温度演化过程,获得高温点从测点 1→测点 3→测点 4 的变化过程。在持续漏风条件下,距离漏风源近的位置 O_2 充足,煤氧作用能力强,易形成高温点;在微漏风条件下,煤体自身蓄热环境是形成高温点的主要控制因素,测点 3 距漏风源较远,氧化能力相对较弱,但氧化放热不易散失而不断升温;在间断漏风条件下,由于测点 3 煤体出现过高温,部分煤体已发生过氧化,甚至已燃烧,因而出现新的漏风时,已无法再氧化升温,高温点迁移至距漏风源较近的测点 4。在密闭空间内煤的孔隙、裂隙不存在吸附 O_2 或注 N_2 置换 O_2 后,密闭区内的温度变化对漏风变化是非常敏感的。上述实验表明,不同的漏风条件下高温区并不是固定不变的,而是随着漏风的变化而不断变化的,漏风条件的改变可以促进高温点的出现和热量的迁移,高温点位置不断演化。因此,在密闭区采取灭火措施时,应尽量避免密闭区的"呼吸"效应而延误灭火时机。

9.4　漏风与煤氧化温升形成条件

密闭区内形成漏风的两个条件为:一是存在裂隙通道;二是存在内外压差。当满足这两个条件后,风流将源源不断地通过裂隙通道漏向密闭区,从而导致煤体发生氧化升温,其温度随氧化时间的变化规律可以采用式(9-1)描述[115]:

$$\frac{\mathrm{d}t_p}{\mathrm{d}T} = \frac{-A_p}{m_p c_p}\left[h(t_p - t_g) + \varepsilon l(t_p^4 - t_r^4)\right] + Q_{p,t} \tag{9-1}$$

式中　t_p, t_g, t_r——分别为煤体温度、气流温度和有效辐射温度,℃;

A_p, c_p, ρ_p——分别为氧化煤体比表面积（m^2/g）、比热容[$J/(kg \cdot ℃)$]和密度（kg/m^3）;

h, ε, l——分别为对流换热系数、扩散换热系数和斯蒂芬常数;

m_p——参与氧化的煤体量,kg;

$Q_{p,t}$——热源项。

对于密闭区遗煤而言,煤体的 $A_p, c_p, \rho_p, h, \varepsilon, l$ 等参数是相对固定的,这些参数对同种煤体的氧化升温影响不大。煤体能否出现高温点关键在于热源项 $Q_{p,t}$。对于高温热源的形成,漏风气流带入氧化体系的热量可以忽略,散失热量（q_s）由水分蒸发散失热量（q_{H_2O}）、漏风流动散失热量（q_{N_2}）和氧化反应气体产物散失热量（q_{CO}、q_{CO_2}）等组成。密闭区漏风与煤体氧化温升之间关系如图9-6所示。

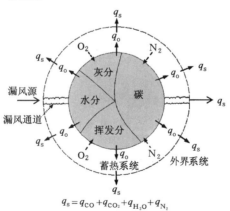

图 9-6　漏风与煤体氧化温升临界条件示意图

煤的主要成分为碳、灰分、水分和挥发分等,氧化产生热源主要是碳与氧相互反应的放热过程。由图9-6知,煤氧化产生热量（q_0）提供给蓄热系统,散失的热量（q_s）主要由水分蒸发、氧化产物逸散和漏风共同形成。随漏风流入散热系统的气体主要为 N_2 和 O_2,O_2 供给煤氧作用产生热量。流出蓄热系统的气体除了 O_2 和 N_2,还有氧化反应产生的氧化物,这些都可以作为散热的载体,所以散热能力取决于风流速度和漏风流中各物质的量。当密闭区内的煤体由于漏风发生氧化反应时,煤体内便产生氧化热进而形成多个蓄热系统,蓄热系统在产热的同时不停地向外散热,当煤氧化产生热量(q_0)大于向周围环境散失的热量(q_s),即 $q_0 > q_s$ 时,煤体内热量便会不断积聚,由此产生高温异常。所以,研究煤体内蓄热系统的形成条件以及蓄热系统内产热能力、散热能力博弈情况,对于煤体氧化自燃的防治具有很好的理论指导意义。

在持续漏风实验中,低温阶段煤体温度上升缓慢,是由于煤体蓄热系统内的产热量(q_0)大于散热量(q_s),但两者的差值(即 $q_0 - q_s$)较小,所以热量积聚较慢,温度上升速度也较慢;当产热量由于供氧充足而快速增大时,$q_0 - q_s$ 也逐渐增大,热量就会迅速积累,温升速率也会增大并产生高温。在微漏风和间断漏风实验中,减小风量或停风时温度下降的速度明显小于注氮后温度下降的速度,原因不仅是注入 N_2 抑制了氧化反应,而且流出蓄热系统中的气体几乎全为 N_2 且 N_2 具有较强的携带热的能力,散热能力远大于产热能力,此时 q_0 逐渐减小,q_s 逐渐增大,当 $q_0 - q_s$ 为负时,温度便逐渐下降。值得注意的是,在微漏风实验中出现了温度突然升高的情况,这是因为在微漏风状态下,虽然产热量不大,但是由于风流的微弱流动,蓄热系统的散热几乎为零,从而导致热量不断积累。

当密闭区出现高温点时,采取的灭火措施均应以破坏煤体内蓄热系统,抑制蓄热系统产热和加快蓄热系统散热而进行,即当 $q_0 - q_s$ 逐渐减小甚至为负时,煤体温度降低,温度异常点遂得到控制或消失,这是采取有效灭火措施的判断依据。

9.5　本章小结

本章基于漏风和注氮措施对密闭区内煤的氧化自燃特性开展了系列实验研究,获得以下主要结论:

(1) 当密闭区内持续漏风时,煤体将发生缓慢氧化反应,温度持续缓慢上升,低温状态氧化时间较长;当温度超过临界温度后,各测点的升温速率增大,最大升温速率达到 15.6 ℃/d;当漏风减小甚至无漏风时,密闭区内煤体温度普遍下降,煤氧作用进程减弱,但长时间持续漏风会导致密闭区煤体孔隙、裂隙内吸附大量空气,从而满足煤低温氧化条件,同时煤体氧化热量未及时向外界散失而积聚,故易出现高温点的异常状况。

(2) 密闭区间断漏风诱发煤体氧化、蓄热、再氧化、再蓄热自燃的过程,容易产生高温异常,间断漏风形成密闭区的"呼吸"漏风现象可引起煤氧化升温。

(3) 当密闭区采取封堵降风、均压减风等措施后,自燃温度下降幅度为 14.1 ℃/d,效果不显著;而采用注氮灭火措施后,异常高温点温度下降幅度达到 60.5 ℃/d,可获得良好的灭火效果。

(4) 得出了漏风与煤氧化升温临界条件,密闭区内煤体发生自燃的过程是氧化产生热量与向外界环境散失热量的博弈过程,这是密闭区是否会出现高温点的判断依据。

(5) 研究结果表明,在工程实际中,当密闭区出现高温点时,不应单纯采取封堵、均压等减小漏风的措施,更要采取注氮、注浆等措施抑制煤氧的进一步反应;同时,要避免在密闭区周围反复拆建密闭墙或对通风系统随意调整,以防止间断漏风而引起密闭区内产生氧化高温点。

10 高效灭火材料制备及抑制效果

煤自燃是煤炭开采和储存过程的重大灾害之一,在世界范围的主要产煤国均普遍存在。煤自燃所引发的火灾,不但能引起瓦斯或煤尘爆炸,损毁矿井和设备,释放有毒有害粉尘与气体而污染大气环境和危害工人健康,而且还会导致煤炭资源浪费,造成经济损失。因此,采取有效措施防治煤自燃刻不容缓,并具有十分重要的意义。目前,在防治煤自燃方面多采用凝胶泡沫、预防性灌浆、温敏性材料、复合缓释剂、含添加剂细水雾等技术,这在一定程度上都起到了积极作用。但还存在一些不足,如凝胶流动性差易干裂漏风、泡沫堆积困难易破裂失水、灌浆覆盖面小且影响煤质等。此外,目前多使用颗粒煤进行氧化自燃研究,在煤样加工过程中煤的内部结构受到了破坏,与工程实际差异较大;目前采用原煤研究煤自燃的甚少,也未有专门针对卸荷原煤氧化自燃的灭火材料。为此,本书提出了一种新型的防治煤氧化自燃的化学复合添加剂(简称 CCA)。通过受载煤体程序升温氧化实验平台,分析 CCA 对煤自燃参数的影响,研究 CCA 抑制煤自燃的特性及效果,从而在实际生产中更好的应用。

10.1 CCA 的制备和特点

10.1.1 CCA 组分

该 CCA 由表面活性剂、渗透剂、复配阻燃剂、悬浮剂和去离子水混合制备而成。其中,复配阻燃剂是在实验室条件下由多种试剂通过机械混掺与低温热处理制得的;去离子水是把自来水加热煮沸后冷凝制得的,因该 CCA 作用于煤自燃,考虑成本和制备流程,在对使用效果不产生主要影响下可用自来水替代。

10.1.2 CCA 制备

在 CCA 配制过程中需用到若干容器、恒温热水器、电子天平、搅拌器、1 000 mL 烧杯、研钵等。CCA 具体制备方法如下:按照计量配比,使用电子天平称取一定量各组分试剂,并将颗粒物试剂研磨成粉;将一定量自来水加热至 60 ℃;而后将渗透剂、复配阻燃剂、悬浮剂和表面活性剂依次加入 60 ℃水中,并搅拌至完全溶解;再恒温搅拌 0.5 h,使各组分充分混合溶解。按照配制方法,依次制备出浓度为 1％、5％、10％和 20％的 CCA。各取一定量不同浓度 CCA 置于 1 000 mL 烧杯中待用,如图 10-1 所示。

10.1.3 CCA 特点

各组分均匀稳定地悬浮在溶液中,且在溶液上部漂浮有一定黏度的细腻柔滑泡沫液,其厚度随配制浓度不同有部分差异。CCA 能将水的表面张力降至原来的 30％左右,从而使水溶液更好的流动、铺展和浸润,各组分在水的带动下通过缝隙或小孔渗透到煤体内部[116];能提高单一组分的灭火能力,有效防止火灾发生发展。

(a) 浓度为1%　　　　(b) 浓度为5%　　　　(c) 浓度为10%　　　　(d) 浓度为20%

图 10-1　制备的不同浓度 CCA

10.2　实　验　部　分

10.2.1　煤样采集与制备

实验煤样取自王台矿 15 号煤层,该煤层易发生自燃。将选好的煤块用塑料薄膜包裹后装入编织袋运回实验室保存。利用水钻按照 $\phi 50$ mm×100 mm 标准尺寸切割,打磨标准后真空干燥 48 h。

选取 6 块表面规整煤样,取其中 4 块分别放入盛有 1 000 mL CCA 浓度为 1%、5%、10% 和 20% 的烧杯中;再取余下 2 块,一块放入盛有 1 000 mL 清水的烧杯中,另一块不做任何处理。在同等实验条件下,将 CCA 和清水中的煤样放置 24 h,取出后自然风干密封保存。将处理后的煤样标记为清水样、CCA 浓度 1% 样、CCA 浓度 5% 样、CCA 浓度 10% 样和 CCA 浓度 20% 样,不做任何处理煤样标记为原样。

10.2.2　实验方案及过程

本实验为了研究 CCA 对特定初始载荷下煤氧化自燃特性的影响,共进行 6 组测试。将处理过的煤样放入实验装置釜体内,装好密封圈并拧紧法兰,然后对釜体内煤样施加 25 MPa 压力,恒定施压 12 h 后卸荷;连接供气管路,将空气流量设定为 150 mL/min,启动空气压缩机并打开温控加热开关,设定起始温度为 25 ℃,以 1 ℃/min 的升温速率对煤样加热氧化。

为研究不同煤样微观结构特征,利用 AFM 测定煤样微观结构。AFM 探针为微悬臂式,最大扫描范围为 90 μm×90 μm×5 μm,横向和纵向分辨率分别为 0.2 nm 和 0.03 nm。采用接触模式对样品进行扫描,再使用 NanoScope Analysis 软件对获取的 AFM 高分辨率图像进行处理与分析。

为研究不同煤样处理前后微观活性基团类型与数量变化,采用 FTIR 测定煤样活性基团含量。称取适量煤样与 KBr 按照 1:100 比例混合,并置于玛瑙研钵中充分研磨后进行压片测试。将扫描范围设置为 4 000~400 cm^{-1},分辨率为 4 cm^{-1},每个煤样扫描 32 次,再使用 OMNIC 软件对红外光谱图进行处理和分析。

10.3   实验结果与分析

10.3.1   宏观分析

10.3.1.1   CCA对煤样表面的影响

不同条件处理后的煤样如图10-2所示。由图10-2可知,煤样表面CCA留存痕迹由轻到重依次为:清水样＜CCA浓度1％样＜CCA浓度5％样＜CCA浓度10％样＜CCA浓度20％样。当CCA浓度为1％和5％时,煤样表面与缝隙均留存有清晰可见的CCA;当CCA浓度为10％和20％时,泡沫连同CCA将煤样紧密包裹,且CCA浓度越大包裹越密实,从而可最大限度降低煤与O_2接触。在自然风干过程中未见覆盖物滴落或脱落,且放置30 d后仍覆盖完好。这表明CCA具有很强的渗透浸润性,各组分在水的带动下通过孔裂隙等微小通道进入煤体内部;泡沫液黏结成分覆盖在煤体表面,可达到阻止和抑制煤氧化自燃的目的[117]。

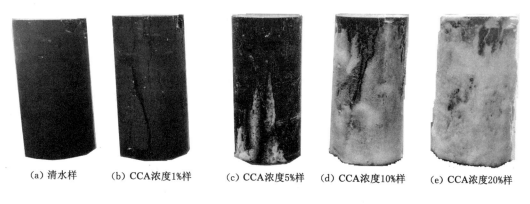

(a) 清水样　　(b) CCA浓度1%样　　(c) CCA浓度5%样　　(d) CCA浓度10%样　　(e) CCA浓度20%样

图10-2　不同条件处理后的煤样

10.3.1.2   CCA对氧化气体的影响

煤自燃首先要煤氧接触,发生物理吸附氧,进而发生化学吸附和化学反应,产生热量引起煤体升温,最终导致煤自燃[118]。有关煤自燃资料表明,原始煤样中不含CO,但含CO_2和小分子碳氢化合物等。因此,笔者采用CO和耗氧速率作为判别煤氧化自燃的指标。各实验煤样CO浓度随煤温变化曲线如图10-3所示。

由图10-3可知,在整体变化趋势上,各实验煤样CO浓度都随温度升高而增加,当温度介于25～90 ℃之间时,CO浓度的变化量都较小,随着温度再升高CO浓度呈加速趋势变化。但经CCA处理的煤样,CO浓度始终低于原样和清水样,且CCA浓度为20％时抑制效果最为显著,浓度为10％、5％、1％时抑制效果依次降低,即CO生成量与CCA浓度呈负相关。这是由于水分蒸发和药剂分解的作用,又加之CCA浓度增加,减小了煤与O_2接触面积。这表明CCA对煤自燃发生发展有阻化抑制作用,且浓度越大效果越明显。

其中,由图10-3可知,清水样CO浓度变化曲线较为特殊,当温度低于110 ℃时,其CO浓度变化量较原样小,这是由于受水分蒸发影响;当温度为140 ℃时,清水样CO浓度超过原样,其后随温度升高呈加速趋势上升。这表明清水处理改变了煤的原有结构,增加了煤分子表面活性基团数量,在水分散失后煤更易于氧化[119]。再将清水样与CCA处理样对比分

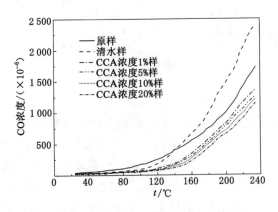

图 10-3　各实验煤样 CO 浓度随煤温变化曲线

析可知，CCA 能填充封堵孔裂隙且不随温度变化而散失，可降低活性基团数量而抑制 CO 的生成。

　　低温下各实验煤样 CO 浓度随煤温变化曲线如图 10-4 所示。由图 10-4 可知，各煤样 CO 浓度变化曲线相互交错，且低浓度样曲线之间差量较小。这是由于初始载荷卸除后，煤体原有结构发生改变，且煤体处于破碎状态，裂隙贯通，与 O_2 接触面积增加，从而导致煤氧作用后更易产生 CO。原样的 CO 浓度较其他样随温度的变化量都大。这是由于清水样受水分影响抑制了 CO 生成，但随着温度升高水分的作用逐渐降低；不同 CCA 浓度样受 CCA 作用，CO 的生成随着温度升高始终处于滞后状态。因此，CCA 对煤氧化自燃有良好的抑制作用。

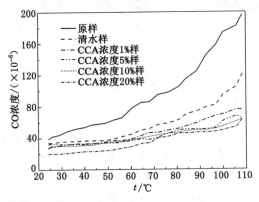

图 10-4　低温下各实验煤样 CO 浓度随煤温变化曲线

　　耗氧速率能反映煤自燃状态，O_2 的参与可加速煤氧化自燃进程。通过对煤自燃过程中耗氧速率的分析，能更全面地认识和研究煤氧化自燃的过程[120]。依据式（4-1）得出各实验煤样耗氧速率随煤温变化曲线，如图 10-5 所示。

　　由图 10-5 知，实验初期阶段温度较低（<80 ℃），煤氧复合反应较慢，耗氧速率变化量趋近于零，随着温度再升高耗氧速率逐渐增大。当温度介于 110～190 ℃时，煤氧复合反应增强，各煤样耗氧速率呈加速趋势增大，以原样和清水样最为显著。其中，清水样在温度超过 120 ℃后耗氧速率超过原样，其变化趋势表现为前期抑制氧化而后期促进氧化，这与 CO

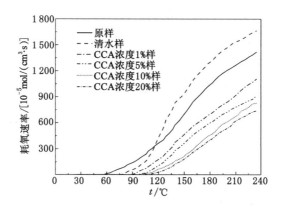

图 10-5　各实验煤样耗氧速率随煤温变化曲线

浓度变化趋势基本一致。CCA 处理样耗氧速率曲线始终处于滞后状态,且 CCA 浓度越大抑制作用越明显。这表明 CCA 受热分解驱氧和覆盖隔氧效果显著,对煤氧化有很好的抑制作用。

10.3.1.3　抑制特性

抑制特性测定标准为:在实验室条件下,通过煤自燃程序升温装置测得阻化前后的煤样在 100 ℃时产生的 CO 浓度差值与原煤样产生的 CO 浓度的比值[121]。即抑制率用公式表达为:

$$\eta = \frac{c^1(CO) - c^2(CO)}{c^1(CO)} \times 100\% \qquad (10\text{-}1)$$

式中　η——某处理样抑制率,%;

　　　$c^1(CO)$——原煤样在 100 ℃时产生的 CO 浓度,10^{-6};

　　　$c^2(CO)$——阻化处理煤样在 100 ℃时产生的 CO 浓度,10^{-6}。

由式(10-1)可计算出,当煤温为 100 ℃时,清水样、CCA 浓度 1%样、CCA 浓度 5%样、CCA 浓度 10%样、浓度 20%样抑制率分别为 45.40%、52.30%、62.07%、71.26%、74.71%,即抑制率由大到小依次为:CCA 浓度 20%样>CCA 浓度 10%样>CCA 浓度 5%样>CCA 浓度 1%样>清水样。

依据式(10-1),将抑制率计算范围扩大到全过程温度下,得到不同处理样抑制率随温度变化曲线如图 10-6 所示。由图 10-6 可知,各处理样抑制率曲线总体上随温度的升高先升

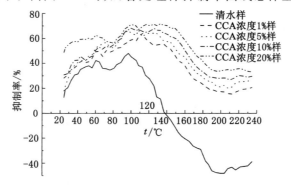

图 10-6　各实验煤样抑制率随煤温变化曲线

高,达到最高后开始下降,最后趋于稳定。在实验初期各曲线出现相对杂乱且不同程度的波动,这是受煤表面和内部裂隙水分的影响。当温度在 80 ℃附近时,曲线显示出不同程度的下降,这是因为此时炉体温度超过 110 ℃,煤样表面水分散失,从而降低了抑制率。当温度超过 100 ℃后,水分产生的影响消失,故清水样曲线随温度升高而急剧下降,当温度大于 140 ℃时,抑制率为负值而起反向催化作用。不同浓度样曲线在温度介于 100~190 ℃时出现一段稳定波峰,且浓度越大抑制效果越明显,表明 CCA 受热分解抑制了煤氧化。当温度超过 200 ℃后抑制效果依然存在,表明 CCA 具有一定的热稳定性。

平均抑制率指某处理样全过程的每个温度点对应的抑制率求和后与温度点个数的比值。即平均抑制率用公式表达为:

$$\overline{\eta} = \frac{\sum\limits_{i=1}^{n} \eta_i}{n} \tag{10-2}$$

式中 $\overline{\eta}$——某处理样平均抑制率,%;

η_i——每个温度点对应的抑制率,%;

n——全过程温度点个数。

由式(10-2)可计算法,清水样、CCA 浓度 1%样、CCA 浓度 5%样、CCA 浓度 10%样、CCA 浓度 20%样平均抑制率分别为 4.35%、31.78%、43.46%、55.26%、67.26%。即平均抑制率由大到小依次为:CCA 浓度 20%样>CCA 浓度 10%样>CCA 浓度 5%样>CCA 浓度 1%样>清水样,且 CCA 浓度 20%样的平均抑制率是清水样的 15.46 倍。

经数理统计回归分析,得出平均抑制率(y)与 CCA 浓度(x)之间的关系为:$y = 0.378\,3\ln x + 0.042$,$R^2 = 0.994\,1$,拟合效果较好。拟合曲线如图 10-7 所示。

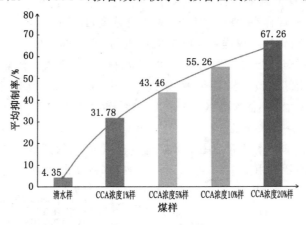

图 10-7 拟合曲线

10.3.1.4 抑制机理

通过分析 CO 浓度、耗氧速率、抑制率与平均抑制率等参数可知,CCA 对煤自燃有很好的抑制效果。从覆盖隔绝 O_2、水分蒸发吸热、受热分解、抵消自由基等协同作用方面分析 CCA 抑制机理:

(1)实验结果表明,CCA 成分和黏性泡沫液能将煤体包裹而阻隔其与 O_2 接触,破坏煤自燃"火三角"框架结构,从而在根源上阻止煤氧化自燃的发生。

（2）随着反应体系温度升高,水分蒸发吸热能延缓体系温度上升,且气态水能稀释 O_2 浓度,增加与自由基碰撞概率,抵消自由基数量。水的物态变化表示如下:

$$H_2O_{(l)} \xrightarrow{\Delta} H_2O_{(g)} \uparrow \quad (Q > 0) \tag{10-3}$$

（3）自燃过程是一系列链式反应的传递,在反应过程中会生成大量的 H·和 OH·等自由基[122],这些活性体的增加可促进自燃的发生发展。复配阻燃剂是一种含有 HCO_3^-、Cl^- 和磷酸盐等成分的混合物,受热能分解出离子或小分子物质[123],在微观上与链式反应生成的自由基发生作用生成稳定物质,从而减少自由基的数量,终止自燃的发生发展。化学反应协同抑制机理可分为 3 个过程:① CCA 受热分解;② 气固产物再作用;③ 自由基抵消再组合,反应式表示如下,抑制机理示意见图 10-8。

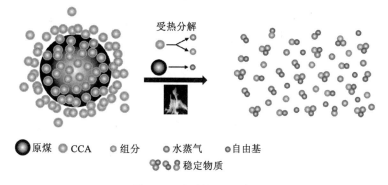

原煤　CCA　组分　水蒸气　自由基
稳定物质

图 10-8　抑制机理示意图

① CCA 受热分解
$$\begin{cases} 2NaHCO_3 \longrightarrow Na_2CO_3 + CO_2\uparrow + H_2O\uparrow \\ Na_2CO_3 \longrightarrow Na_2O + CO_2\uparrow \\ (NH_4)_2HPO_4 \longrightarrow NH_3\uparrow + NH_4H_2PO_4 \\ (NH_4)_2HPO_4 \longrightarrow 2NH_3\uparrow + H_3PO_4 \end{cases}$$

② 气固产物再作用　$Na_2O + H_2O \longrightarrow 2NaOH$

③ 自由基抵消再组合
$$\begin{cases} HCO_3\cdot + H\cdot \longrightarrow CO_2 + H_2O \\ Cl\cdot + H\cdot \longrightarrow HCl \\ HCl + OH\cdot \longrightarrow H_2O + Cl\cdot \\ NH_3 + H\cdot \longrightarrow NH_4\cdot \\ NH_4\cdot + OH\cdot \longrightarrow NH_3 + H_2O \\ NaOH + H\cdot \longrightarrow Na\cdot + H_2O \\ Na\cdot + OH\cdot \longrightarrow NaOH \\ NaOH + OH\cdot \longrightarrow NaO\cdot + H_2O \\ NaO\cdot + H\cdot \longrightarrow NaOH \end{cases}$$

10.3.2　微观分析

10.3.2.1　煤样微观形貌粗糙度

图 10-9 为煤样的 AFM 图像（二维）与振幅参数。R_q 为均方根粗糙度,R_a 为算术平均粗糙度,它们都是由 NanoScope Analysis 软件对 AFM 图像进行自动计算生成的用于表征煤样微观结构表面形貌的参数。均方根粗糙度 R_q 是表面形貌高度分布的标准差,通过统

计方法对表面形貌粗糙度进行描述,它对偏离均值线较大的偏差表述更为精确。算术平均粗糙度 R_a 是微观结构表面峰与谷偏差的平均值,因易于测量和较好地描述高度变化,是最常用的参数之一,其定义是在一个采样长度内的粗糙度不均匀性与平均线的平均绝对偏差。粗糙度越大,物体微观表面越褶曲,表面积越大;反之,粗糙度越小,表面越平整,表面积越小。

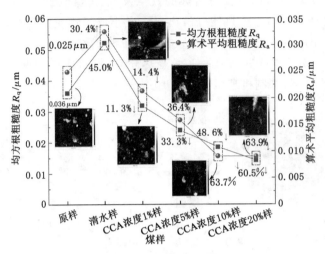

图 10-9　煤样的 AFM 图像(二维)与振幅参数

图 10-9 中煤样 AFM 图像(二维)的亮色区和暗色区分别表示微观表面形貌的凸起与凹陷。由图 10-9 可知,单一煤样的 R_q 大于 R_a,在随 CCA 浓度增加的过程中,与原样相比,R_q 的降幅依次为 11.3%、33.3%、48.6% 和 60.5%,R_a 的降幅依次为 14.4%、36.4%、63.7% 和 63.9%。这表明 CCA 能降低煤样的 R_q 和 R_a,并对 R_a 的影响较大,且浓度越大 R_q 和 R_a 越小,从而使得煤与 O_2 接触面积减小,进而抑制煤氧化自燃。这是因为 CCA 对煤样微观表面形貌结构有破坏和溶解作用。通过分析与粗糙度对应的煤样 AFM 图像(二维)可知,经 CCA 处理的煤样,其 AFM 图像(二维)中明暗颜色对比的差距在缩小,且颜色趋于同一亮度,表明煤样微观表面形貌的高度趋于一致。然而,水处理的煤样粗糙度在增加,其 R_q、R_a 的增幅分别高达 45.0% 和 30.4%。这是因为水对煤体仅产生了膨胀效应,加剧了煤表面形貌的褶曲程度,从而导致煤表面积增加,对煤氧化自燃有促进作用。

10.3.2.2　煤样微观三维形貌

图 10-10 为煤样的 AFM 图像(三维)。通过三维的 AFM 图像能更直观、立体地对煤体微观结构表面形貌进行描述。图像中亮色区为凸起、暗色区为凹陷或凹沟。由图 10-10 可知,煤样在 AFM 下表现为不规则的粒状、峰状、瘤状和沟壑状超微结构。粒状结构在空间分布上表现为无序性,大小混乱错杂堆积,且相互之间接触方式较为复杂。峰状结构表现为孤立或连绵的无序分布,且在高度与大小上存在较大差异,一般在图像中表现为较为明亮的区或点。瘤状结构形态各异,如多边形、扁圆形、椭圆形、网格形等,以团簇方式形成隆起的宽带状分布。沟壑状结构在 AFM 图像中呈暗黑色,以不规则圆形或狭长条带形存在,多与峰状结构伴生。AFM 在纵向上的分辨率为 0.03 nm,已达到原子级别,然而在该分辨率下依然很难辨识煤体中的单个原子或分子结构单元。这是因为煤体微观结构主要以紧密堆积

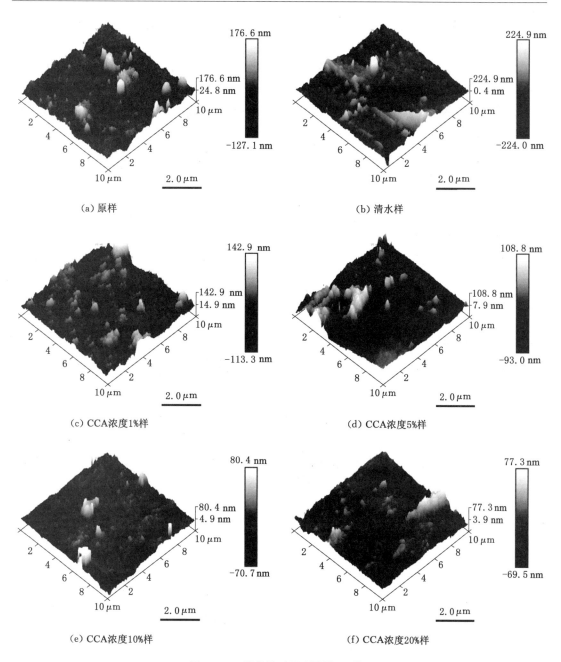

(a) 原样

(b) 清水样

(c) CCA浓度1%样

(d) CCA浓度5%样

(e) CCA浓度10%样

(f) CCA浓度20%样

图 10-10　煤样的 AFM 图像(三维)

的分子团结构特征存在。

　　图 10-10 中各煤样扫描的平面范围均为 10 μm×10 μm。通过图像右侧色度条上显示的数值可知,各煤样在垂直方向上的高度范围变化存在差异。原样、清水样、CCA 浓度 1% 样、CCA 浓度 5% 样、CCA 浓度 10% 样、CCA 浓度 20% 样的垂直高度差分别为 303.7 nm、448.9 nm、256.2 nm、201.8 nm、151.1 nm 和 146.8 nm。因此各煤样垂直高度差大小顺序依次为:清水样>原样>CCA 浓度 1% 样>CCA 浓度 5% 样>CCA 浓度 10% 样>CCA 浓度 20% 样。这说明 CCA 能降低煤体微观结构表面形貌的垂直高度差,使微观表面趋于平

整。这与图 10-9 的粗糙度变化一致。

10.3.2.3 煤样微观 AFM 横切面

图 10-11 为煤样的 AFM 图像(二维)横切面分析图。左上角 AFM 图像(二维)中的直

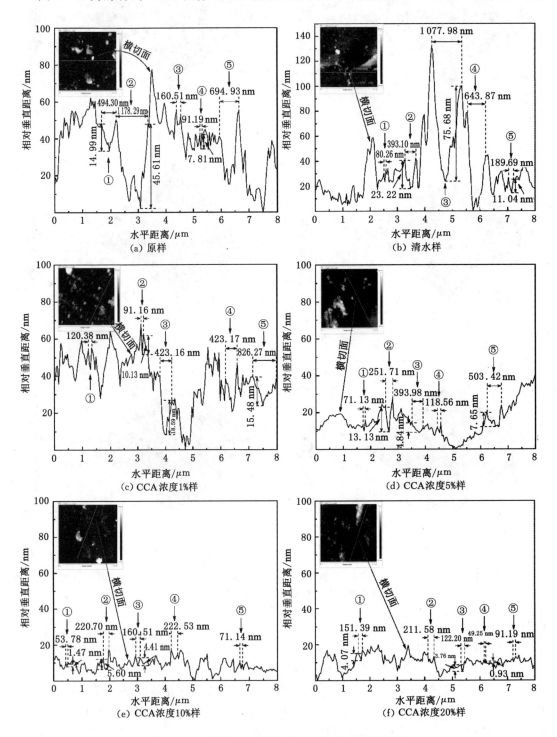

图 10-11　煤样的 AFM 图像(二维)横切面分析图

划线为切面方向和长度。为便于对6组煤样的切面垂直高度进行分析,图中纵坐标是以每个煤样切面最低点为基准点计算出的相对垂直距离。横切面分析是指在样品AFM图像(二维)上按一定方向切开一处断面进行表面形貌粗糙度和垂直方向上下起伏距离的分析,同时还可以对单个孔隙的孔径及孔深进行测量。按照孔径尺寸将煤中孔隙划分为微孔(<10 nm)、小孔(10～100 nm)、中孔(100～1 000 nm)和大孔(>1 000 nm)。借助二维和三维的AFM图像只能对煤体微观表面形貌结构及孔隙特征进行定性分析,这在一定程度上会降低分析结果的可靠性。横切面分析提供的对单个孔隙的孔径及孔深的定量分析,再结合AFM图像的定性分析,能更全面地对煤体微观表面形貌结构及孔隙特征进行研究。

由图10-11可知,煤样切面布满了孔径大小不一的孔隙,且单个煤样的孔隙结构沿水平方向的变化表现出无规律性。原样、清水样和CCA浓度1%样的孔隙主要以大孔和中孔为主,且大孔中包含数个中孔或小孔,在垂直方向上下起伏比较剧烈,孔隙内壁较为粗糙。CCA浓度5%样、CCA浓度10%样、CCA浓度20%样的孔隙主要以中孔和小孔为主,在垂直方向上下起伏比较平缓,孔隙内壁较为光滑。原样、清水样和CCA浓度1%样、CCA浓度5%样、CCA浓度10%样、CCA浓度20%样的切面方向上最高点的相对垂直距离分别为77.30 nm、131.19 nm、67.90 nm、39.92 nm、17.09 nm和19.85 nm。

此外,还对切面中单个孔隙的孔径及孔深进行了测量:

原样被测量的5个孔隙中:孔隙②孔径最大(1 178.29 nm)、最深(45.61 nm),孔隙④孔径最小(91.19 nm)、最浅(7.81 nm)。

清水样被测量的5个孔隙中:孔隙③孔径最大(1 077.98 nm)、最深(75.68 nm),孔隙①孔径最小(80.26 nm),孔隙⑤最浅(11.04 nm)。

CCA浓度1%样被测量的5个孔隙中:孔隙⑤孔径最大(826.27 nm),孔隙③最深(18.59 nm),孔隙②孔径最小(91.16 nm)、最浅(10.13 nm)。

CCA浓度5%样被测量的5个孔隙中:孔隙⑤孔径最大(503.42 nm),孔隙②最深(13.13 nm),孔隙①孔径最小(71.13 nm),孔隙③最浅(4.84 nm)。

CCA浓度10%样被测量的5个孔隙中:孔隙④孔径最大(222.53 nm),孔隙②最深(5.60 nm),孔隙①孔径最小(53.78 nm)、最浅(1.47 nm)。

CCA浓度20%样被测量的5个孔隙中:孔隙②孔径最大(211.58 nm),孔隙①最深(4.07 nm),孔隙④孔径最小(49.25 nm)、最浅(0.93 nm)。

通过对以上6组煤样的AFM图像(二维)横切面进行分析,得出CCA能改变煤体微观表面形貌及孔隙结构,使煤体微观表面形貌趋于平整光滑,从而降低煤体与O_2接触面积,破坏煤体微观氧化蓄热结构,对煤自燃有抑制作用。

10.3.2.4　煤样微观活性基团

由于煤中存在大量微观活性基团,且有些基团的吸收光谱带存在较大重叠,并在特定位置易产生吸收峰超位和干涉,可增加吸收峰位置和边界确定的难度,从而会降低光谱吸收峰分析的精准性。针对该问题,现将光谱每个吸收峰形状设定为高斯/洛伦兹函数线性组合方式,使用红外光谱分析软件OMNIC对红外光谱进行基线校正、平滑及分段拟合分析。各煤样红外光谱曲线拟合如图10-12至图10-17所示。此外,通过计算拟合得出的活性基团峰面积,可以定量分析水和不同浓度CCA对煤微观活性基团的影响。

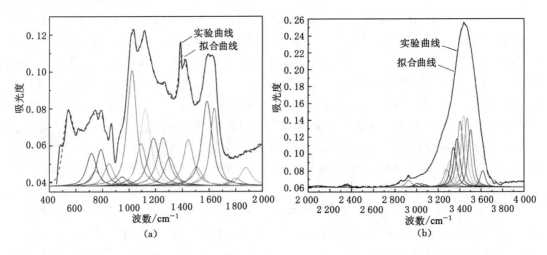

图 10-12 原样的波数 400～2 000 cm⁻¹和 2 000～4 000 cm⁻¹处红外光谱分峰拟合图

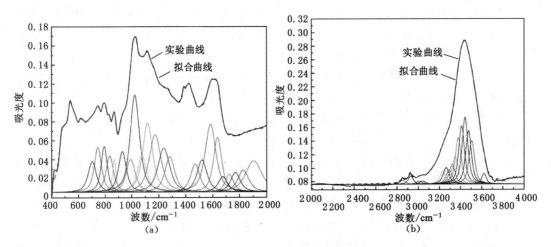

图 10-13 清水样的波数 400～2 000 cm⁻¹和 2 000～4 000 cm⁻¹处红外光谱分峰拟合图

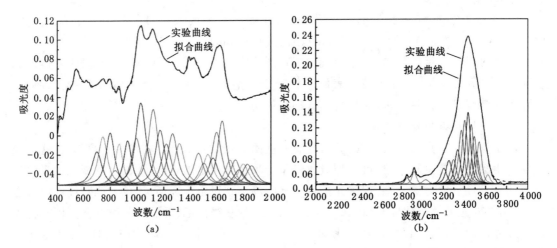

图 10-14 CCA 浓度 1%样的波数 400～2 000 cm⁻¹和 2 000～4 000 cm⁻¹处红外光谱分峰拟合图

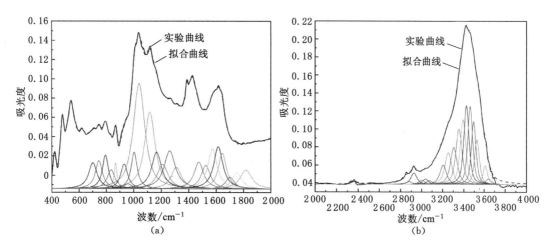

图 10-15　CCA 浓度 5％样的波数 400～2 000 cm^{-1}和 2 000～4 000 cm^{-1}处红外光谱分峰拟合图

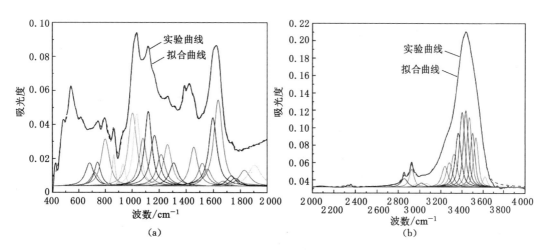

图 10-16　CCA 浓度 10％样的波数 400～2 000 cm^{-1}和 2 000～4 000 cm^{-1}处红外光谱分峰拟合图

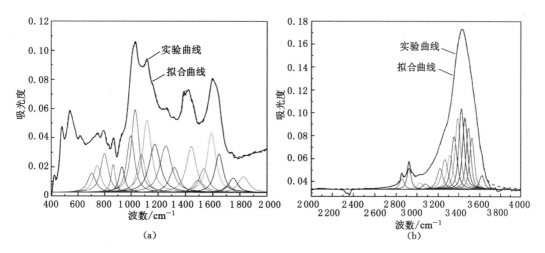

图 10-17　CCA 浓度 20％样的波数 400～2 000 cm^{-1}和 2 000～4 000 cm^{-1}处红外光谱分峰拟合图

10.3.2.5 煤样红外光谱

图 10-18 为不同煤样的红外光谱图。由图 10-18 可知,原样、清水样和 CCA 处理煤样的红外光谱吸收峰的分布基本相似,但峰的吸收度有所不同。这说明水和 CCA 处理没有改变煤样所含主要活性基团的类型,但对一些活性基团谱峰的吸收度产生了影响。煤中主要活性基团类型已在图中标出,波数 746 cm⁻¹ 附近吸收峰是由于取代苯类 C—H 面外弯曲振动产生的, 1 027 cm⁻¹ 附近吸收峰是由于酚、醇、醚、酯碳氧键(C—O)振动产生的, 1 612 cm⁻¹ 附近吸收峰是由于芳香环/稠环中 C═C 骨架伸缩振动产生的,1 834 cm⁻¹ 附近吸收峰是由于酸酐羰基 C═O 伸缩振动产生的,2 365 cm⁻¹ 附近吸收峰是由于—COOH 的—OH 伸缩振动产生的,2 854 cm⁻¹ 附近吸收峰是由于—CH₂ 对称伸缩振动产生的, 2 962 cm⁻¹ 附近吸收峰是由于—CH₃ 反对称伸缩振动产生的,3 071 cm⁻¹ 附近吸收峰是由于芳烃 C—H 伸缩振动产生的,3 438 cm⁻¹ 附近吸收峰是由于酚、醇、羧酸、过氧化物、水或分子间缔合的—OH 伸缩振动产生的。

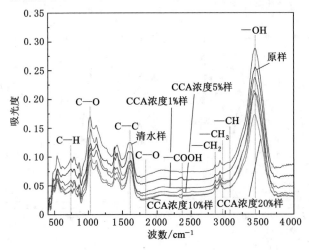

图 10-18 不同煤样的红外光谱图

10.3.2.6 煤样微观活性基团类型

图 10-19 为各煤样的脂肪烃、芳香烃、含氧官能团和羟基的拟合峰面积。由图 10-19 可知,与原煤相比较,煤中的 4 种主要活性基团峰面积均随 CCA 浓度的增加而逐渐减小,且 CCA 浓度越高各活性基团的峰面积越小,而水处理煤样的各活性基团的峰面积有所增大。这说明在 CCA 作用下,煤中活性基团种类虽没有改变,但在数量上有所减少,从而使煤的自燃危险性降低。在 4 种主要活性基团中,脂肪烃在 6 组煤样中占比最小,含氧官能团在原样、清水样和 CCA 浓度 1% 样中占比最大,羟基在 CCA 浓度 5% 样、CCA 浓度 10% 样、CCA 浓度 20% 样中占比最大。这说明较高浓度的 CCA 对降低煤中的含氧官能团数量具有显著效果。此外,将清水样的 4 种活性基团峰面积变化与原样相比,其含氧官能团的增加量最大。这说明水处理对含氧官能团数量增加有明显促进作用。

10.3.2.7 煤样脂肪烃含量

图 10-20 为各煤样的脂肪烃峰面积变化情况。脂肪烃在煤的谱峰位置分布中较广泛,在波数 1 380~1 370 cm⁻¹ 处的吸收峰是—CH₃ 对称变角振动产生的,1 465~1 455 cm⁻¹ 处

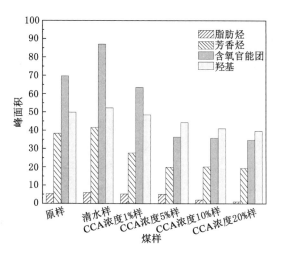

图 10-19 各煤样的脂肪烃、芳香烃、含氧官能团和羟基的拟合峰面积

的吸收峰是—CH_3反对称变角振动产生的,1 475～1 465 cm^{-1}处的吸收峰是—CH_2变角振动产生的,2 860～2 850 cm^{-1}处的吸收峰是—CH_2对称伸缩振动产生的,2 880～2 870 cm^{-1}处的吸收峰是—CH_3对称伸缩振动产生的,2 930～2 880 cm^{-1}处的吸收峰是—CH_2反对称伸缩振动产生的,2 975～2 945 cm^{-1}处的吸收峰是—CH_3反对称伸缩振动产生的。

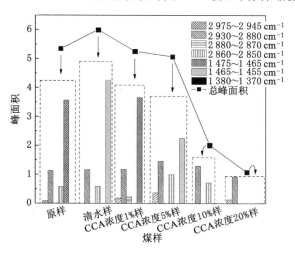

图 10-20 各煤样的脂肪烃峰面积变化情况

　　脂肪烃被认为是煤体中较为活跃的基团,其侧链和桥键易受氧原子攻击而断裂释放热量,且所含的—CH_3和—CH_2又是参与煤氧反应并起显著作用的主要物质。由图 10-20 可知,在组成脂肪烃的多种官能团中,—CH_2反对称伸缩振动产生的吸收峰在 6 组煤样中均存在,清水样中—CH_3反对称变角振动产生的吸收峰面积最大,CCA 浓度 20％样所含官能团种类最少、总峰面积最小。与原样相比较,CCA 处理煤样的脂肪烃总峰面积均随 CCA 浓度的增加而逐渐减小,且 CCA 浓度越高脂肪烃总峰面积越小,并在 CCA 浓度为 10％时的减幅最大,而清水样的脂肪烃总峰面积有所增大。这说明 CCA 可能通过破坏脂肪烃侧链和桥键,销蚀—CH_3和—CH_2等官能团数量,从而降低脂肪烃含量并抑制煤自燃。

10.3.2.8 煤样芳香烃含量

图 10-21 为各煤样的芳香烃峰面积变化情况。在波数 900～675 cm⁻¹ 处的吸收峰是取代苯类 C—H 面外弯曲振动产生的,1 620～1 430 cm⁻¹ 处的吸收峰是芳香环、稠环中 C ═C 骨架伸缩振动产生的,1 910～1 900 cm⁻¹ 处的吸收峰是苯的 C—C、C—H 振动倍频和合频峰引起的,3 100～3 000 cm⁻¹ 处的吸收峰是芳烃 C—H 伸缩振动产生的。芳香烃在煤中主要以取代苯、芳环和芳烃类存在,多以 C ═C 为骨架构成环状结构,因此这类官能团的化学性质相对较为稳定,一般不参与低温阶段的氧化反应。

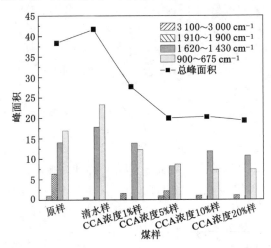

图 10-21　各煤样的芳香烃峰面积变化情况

由图 10-21 可知,在组成芳香烃的 4 种官能团中,由苯的 C—C、C—H 振动倍频和合频峰引起的吸收峰仅在原样与 CCA 浓度 5％样中存在,其余 3 种官能团产生的吸收峰在 6 组煤样中均存在。与原样相比较,清水样的芳香烃总峰面积增大,CCA 处理煤样的总峰面积减小。这表明 CCA 对化学性质较为稳定的芳香烃也具有损毁作用。当 CCA 浓度为 1％时,芳香烃总峰面积的减幅最为显著;当 CCA 浓度为 5％、10％和 20％时,芳香烃总峰面积基本保持稳定,并没有随浓度增加而明显减小。这说明较低浓度 CCA 对减小煤中芳香烃含量有较好效果,对降低材料制备成本有指导意义。

10.3.2.9 煤样含氧官能团含量

图 10-22 为各煤样的含氧官能团峰面积变化情况。在波数 1 330～900 cm⁻¹ 处的吸收峰是酚、醇、醚、酯碳氧键引起的,1 780～1 630 cm⁻¹ 处的吸收峰是醛、酮、羧酸、酯、醌 C ═O 伸缩振动产生的,1 880～1 785 cm⁻¹ 处的吸收峰是酸酐羰基 C ═O 伸缩振动产生的,2 780～2 350 cm⁻¹ 处的吸收峰是—COOH 的—OH 伸缩振动产生的。含氧官能团作为煤结构中的主要组成部分,在煤氧反应中以其具有较高活性而发挥着重要作用。

由图 10-22 可知,在组成含氧官能团的 4 种官能团中,由酚、醇、醚、酯碳氧键及醛、酮、羧酸、酯、醌 C ═O 伸缩振动和酸酐羰基 C ═O 伸缩振动产生的吸收峰均在 6 组煤样中存在,然而含有这些官能团的峰面积经 CCA 处理后较之原煤均有降低。这表明 CCA 对这些官能团有破坏作用,从而可抑制煤自燃。此外,清水样的含氧官能团总峰面积最大,CCA 处理煤样的总峰面积较之原煤减小,且当 CCA 浓度为 5％时的减幅最为显著。CCA 浓度为

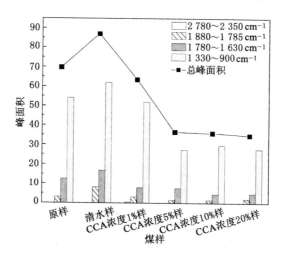

图 10-22　各煤样的含氧官能团峰面积变化情况

10%和 20%时,含氧官能团总峰面积与 CCA 浓度为 5%时相当,基本保持稳定,未随浓度增加而明显减小。

10.3.2.10　煤样羟基含量

图 10-23 为各煤样的羟基峰面积变化情况。在波数 3 550~3 200 cm^{-1} 处的吸收峰是酚、醇、羧酸、过氧化物、水或分子间缔合的—OH 伸缩振动产生的,3 624~3 610 cm^{-1} 处的吸收峰是—OH 自缔合氢键引起的,3 700~3 625 cm^{-1} 处的吸收峰是游离—OH 键引起的。煤中的羟基一般存在于煤分子的端基和侧链处,因具有很强的反应活性,在煤处于低温阶段就能参与氧化反应并释放热量。同时,脂肪烃中与—OH 相连的碳原子上的 C—H 键在氧原子的攻击下容易生成—OH,从而能加快煤氧化自燃反应进程。

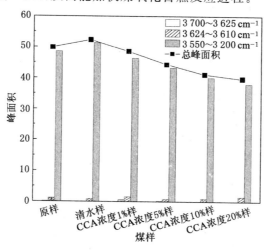

图 10-23　各煤样的羟基峰面积变化情况

据图 10-23 可知,由分子间缔合的—OH 伸缩振动产生的吸收峰在 6 组煤样中均存在,且含量最高,在数量上占有明显优势,其次是—OH 自缔合氢键引起的吸收峰。这说明煤中的羟基主要以分子间缔合的形式存在。清水样的羟基总峰面积较原样增大,CCA 处理煤样的羟基总峰面积均随 CCA 浓度的增加而逐渐减小。这是因为一方面 CCA 对煤中原有的羟基有破坏作用，从而可降低这部分羟基的数量；另一方面 CCA 通过破坏脂肪烃侧链和桥键而降低脂肪烃含量，这一点已从图 10-20 得到佐证，从而阻断由脂肪烃通过氧化生成羟基的途径。

10.3.2.11 微观作用机理

图 10-24 为 CCA 的微观作用机理示意图。通过对比分析原样、清水样和 CCA 处理煤样的粗糙度、三维表面形貌、微观孔隙结构、红外光谱图和活性基团含量可知，CCA 对煤自燃有明显的抑制效果。结合原样和 CCA 处理煤样的微观结构及主要活性基团含量变化规律，提出了 CCA 抑制煤自燃的可能机理，主要表现在以下两个方面的协同作用。

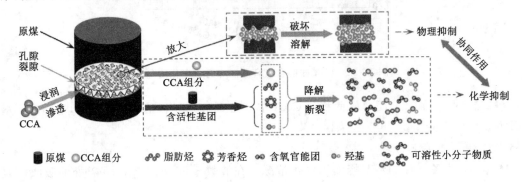

图 10-24　CCA 的微观作用机理示意图

（1）物理抑制

CCA 含有的表面活性剂和渗透剂等物质能显著降低水的表面张力，使各组分在水的带动下通过煤体裂隙和孔隙向其内部浸润渗透，从而导致煤体松软、脱落和溶解，在微观层面造成表面积减小与蓄热结构被破坏。

（2）化学抑制

煤中含有大量的微观活性基团，它们的化学结构复杂且分子量较大，并以环烃和链烃大分子结构为主。CCA 由多种化学试剂制成，这些大分子活性基团在 CCA 的降解作用下，环烃结构断开形成链状，链烃结构侧链或桥键断裂脱落，最终形成可溶性小分子物质，从而使得活性基团数量减少。

10.4　本章小结

（1）CO 浓度和耗氧速率变化曲线均表明 CCA 能抑制煤氧化自燃，且浓度越大抑制效果越好，当浓度为 20% 时抑制效果最为显著。用清水处理煤样在 140 ℃之前起抑制作用，之后则对煤体氧化起加速作用。

（2）全过程各抑制率曲线表明 CCA 具有良好的抑制特性，其对各煤样抑制效果为：CCA 浓度 20% 样＞CCA 浓度 10% 样＞CCA 浓度 5% 样＞CCA 浓度 1% 样＞清水样，且 CCA 浓度 20% 样的平均抑制率高达 67.26%，是清水样的 15.46 倍。

（3）CCA 浓度与平均抑制率有较好的对数函数关系，且平均抑制率随 CCA 浓度的增加而增大。考虑 CCA 的制备成本和效果，选定 CCA 浓度为 10% 作为现场使用的方案。

（4）CCA 含有的 HCO_3^-、Cl^- 和磷酸盐等成分受热能分解出离子或小分子物质，它们在微观上与煤自燃产生的 H· 和 OH· 等自由基作用生成稳定物质，从而可减少自由基数量，抑制煤自燃。

（5）与原样相比较，CCA 处理煤样的粗糙度 R_q 和 R_a 均随 CCA 浓度的增大而减小，CCA 浓度 20％样的 R_q、R_a 降幅分别为 60.5％和 63.9％，三维微观结构表面形貌趋于平整光滑，孔隙结构以较浅的中孔和小孔为主。然而，清水样的粗糙度增加，表面形貌的垂直落差大，孔隙结构以较深的大孔和中孔为主。

（6）在原样、清水样和 CCA 处理煤样中，主要活性基团种类未变，但含量发生了改变。6 组煤样的脂肪烃、芳香烃、含氧官能团和羟基含量顺序依次为：清水样＞原样＞CCA 浓度 1％样＞CCA 浓度 5％样＞CCA 浓度 10％样＞CCA 浓度 20％样。

（7）煤的微观结构分析结果和红外光谱分析结果相一致，均表明 CCA 对煤自燃有抑制作用，且浓度越高抑制效果越显著。

11 煤自燃火区治理工程实践

结合前面的研究结果,本章分析王台矿二盘区大型密闭采空区 CO 异常情况,研究该密闭区 CO 形成过程及异常原因。针对大型密闭采空区漏风严重现象,采取均压封堵措施减小漏风;同时确定合理的注氮口位置,开展采空区注氮工作,以阻止煤炭氧化的继续进行;在采取持续注氮工作的同时,有针对性地实施注浆。

该大型密闭采空区由于漏风严重、煤柱受压时间长、煤体破碎程度大,且通风路线不合理及反复开启密闭墙等,漏风情况复杂,极易引发煤自燃。同时由于密闭区面积大,火源点位置不易探测,注氮可淹没覆盖煤体高温点,达到抑制煤自燃的效果。

11.1 密闭区 CO 概况

本研究针对王台矿 15 号煤二盘区大型密闭采空区 CO 异常情况,开展针对性研究,提出综合灭火方案。结合实验室研究结论,在工程实际中加以验证和应用。该密闭采空区内的煤柱长时间受采动影响,为了回收资源,对煤柱进行条带开采,从而使得煤柱受到多次采动影响,于 2014 年 12 月在二盘区密闭采空区附近部分密闭墙前出现 CO 异常。采集 7 个重要密闭墙前的气样并对 CO 浓度进行检测与分析,CO 浓度最高达 2.0×10^{-3},表明二盘区密闭采空区内部出现煤升温氧化异常现象。

为确认煤自燃的危险性程度及掌握煤自燃原因,对气样中的其他气体(CO_2、CH_4、C_2H_4、C_2H_6)进行检测,在检测点中 CH_4 最高浓度为 0.38%,并且检测到了 C_2H_4 和 C_2H_6 气体,表明二盘区密闭采空区煤升温氧化温度至少达到 130 ℃,从而判定二盘区密闭采空区发生煤自燃。

二盘区密闭采空区由 2301、2302、2303、2304、2305 和 2306 等多个工作面采空区连片构成,内含大量保护煤柱和多年失修或压坏的横川,且与 9 号煤层(15 号煤上邻近层)采空区贯通,从而使得该密闭采空区内部在水平方向上巷道、裂隙通道错综复杂而漏风,在竖直方向上与 9 号煤层或地表之间形成裂隙通道漏风严重。以上原因导致该密闭采空区出现 CO 异常后灭火难度大,在约 3.6 km² 范围的密闭采空区内高温点位置不易判断。

二盘区密闭采空区由多个工作面采空区连片而成,包含了多个工作面采空区煤自然发火危险性的综合特点。密闭采空区内遗留的保护煤柱多,浮煤厚度大,采空区之间的煤柱、巷帮以及柱式工作面受压时间久,破碎程度大,容易与 O_2 接触发生氧化自燃。但因大型密闭采空区面积大,且处于相对密闭的状态,漏风速度慢,漏风量相对较小,密闭采空区中部的空气中 O_2 含量很低,所以煤体并不易发生自燃。而密闭采空区边缘的煤体,处于漏风通道的线路上,受漏风影响严重,氧化自燃的可能性大。所以对于大型密闭采空区来说,处于密闭采空区边缘的保护煤柱、柱式工作面以及停采线是最容易发生氧化自燃的区域。二盘区密闭采空区示意图及密闭采空区内煤自燃氧化重点区域具体如图 11-1 的阴影部分所示。

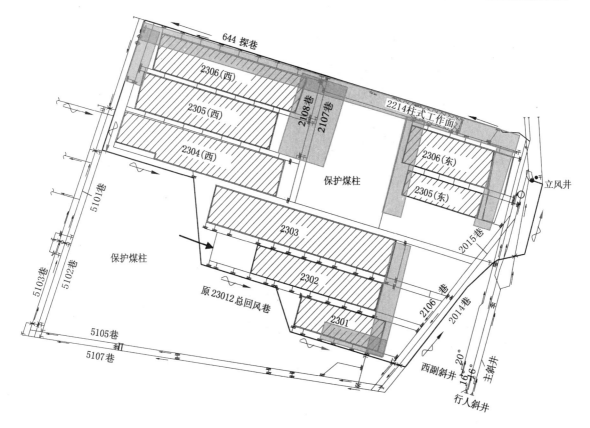

图 11-1 密闭采空区内煤自燃氧化重点区域分布图

二盘区密闭采空区不配风,但因五盘区供风需要,在出现 CO 异常之前,644 探巷和 5105 巷、5107 巷作为进风巷,五盘区总回风巷经过二盘区的 2304、2302、2301 工作面的保护煤柱。出现 CO 异常情况后,调整通风系统,644 探巷、5107 巷作为五盘区的进风巷,5105 巷作为五盘区总回风巷,并适量调整风量,以实现均压,减小进回风巷之间的压差进而减小二盘区密闭采空区的漏风。

11.2 大型密闭采空区 CO 异常特征及原因分析

11.2.1 大型密闭采空区 CO 异常状况

2014 年 12 月 19 日,在该矿井下发现二盘区密闭采空区附近部分密闭墙前 CO 浓度超标,最高达 2.6×10^{-3}。各密闭墙前温度为 17~19 ℃,巷道回风风流温度为 16 ℃,巷道进风风流温度为 10~14 ℃。各密闭墙处 CO 浓度分布情况如图 11-2 所示。

从图 11-2 可以看出,沿 644 探巷的密闭采空区侧 CO 浓度不断升高,且升高方向与 644 探巷通风方向一致,CO 浓度最高点在 2107 巷口。另外,出现较高 CO 浓度段处于五盘区的总回风巷,尤其 23012 巷 1 号密闭墙附近 CO 浓度均较高。

由于该密闭采空区范围大,漏风源多,密闭采空区内遗煤自燃危险性大。通过密闭采空区周围 CO 浓度分布情况预测密闭采空区内的 CO 浓度,有利于了解密闭采空区内自燃危

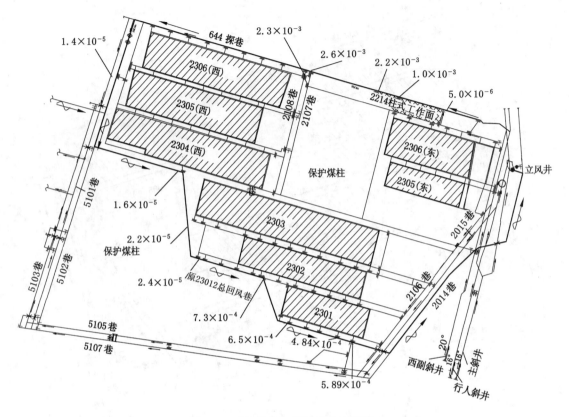

图 11-2　CO 异常初期浓度分布情况

险位置及影响范围,为密闭采空区防灭火提供有利的条件,尤其是可为注氮口位置、注浆孔终孔位置的确定提供依据。

根据密闭采空区周围巷道的 CO 浓度分布情况,采用预测模型分析了密闭采空区内部 CO 浓度的分布规律,具体如图 11-3 所示。

从预测图可以看出,密闭采空区内 CO 分布集中在 2214 柱式工作面至 2108 巷区间范围以及 2301 工作面停采线处。在实际采空区中,受漏风流的影响,CO 在密闭采空区内流动分布,并在原总回风巷附近集中。

11.2.2　大型密闭采空区煤自然发火原因

结合二盘区密闭采空区形成条件及遗煤分布特征,分析发生煤自燃的原因有以下几点:

(1) 该密闭采空区内存在大量保护煤柱及遗煤等,且煤体含硫量较大,最大 5.07%。硫在煤中主要以 FeS_2 形式存在,在一定 O_2 浓度及潮湿条件下将发生以下反应:

$$2FeS_2 + 2H_2O + 7O_2 \Longrightarrow 2FeSO_4 + 2H_2SO_4 + Q$$

$$12FeSO_4 + 6H_2O + 3O_2 \Longrightarrow 4Fe_2(SO_4)_3 + 4Fe(OH)_3 + Q$$

$$FeS_2 + Fe_2(SO_4)_3 + 3O_2 + 2H_2O \Longrightarrow 3FeSO_4 + 2H_2SO_4 + Q$$

$$FeS_2 + H_2SO_4 \Longrightarrow H_2S + FeSO_4 + S + Q$$

以上以硫铁矿为主的反应均为放热反应,放出的热量能加速煤的低温氧化,在蓄热环境较好的煤柱内部,易形成持续氧化升温,并最终达到快速氧化反应而导致煤自燃。

(2) 该密闭采空区为老空区,密闭时间久,浮煤厚度大,且煤柱受压力大、受压时间长,

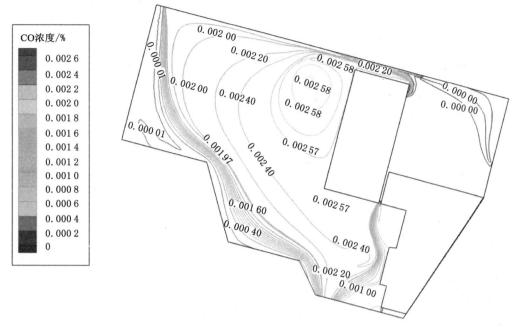

图 11-3　密闭采空区内 CO 浓度分布

煤柱的破碎程度大。密闭采空区内大量遗煤不断与空气中 O_2 分子接触并释放热量,所以很容易发生煤自燃现象。另外,煤柱的破裂不仅会加大采空区漏风,而且使煤与 O_2 的接触面积增大,从而加速煤氧复合反应,使煤发生自燃的可能性增大。

(3)该密闭采空区具有面积大、煤柱多、密闭墙多、巷道布置复杂等特点,且封闭时间长,煤柱受压破裂程度大,密闭墙变形密封效果差,从而导致漏风。经采用 SF_6 示踪气体排查,15 号煤与上邻近层 9 号煤之间形成贯通通道,漏风动力较大。

(4)密闭采空区存在多年失修或压坏的横川,加之 644 探巷上预留较多钻孔,在压差下形成漏风。具体漏风压差如图 11-4 所示。

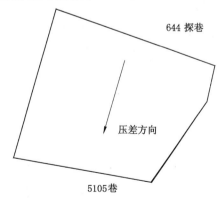

图 11-4　密闭采空区压差示意图

《矿井防灭火规范》规定采区和采煤工作面进、回风巷两端压差不宜超过 200 Pa。经检测,在 644 探巷测得的压力为 948 60 Pa(2108 巷口处),而在 5105 巷测得的压力为

93 740 Pa,所以该密闭采空区所构成的进、回风巷系统的压差为 1 120 Pa,远大于 200 Pa。

（5）644 探巷为裸巷,巷道壁面的煤体易破碎。在掘进过程中,向煤壁打很多钻孔并下套管注入加固材料,部分为排水孔,但孔口未密封。在煤柱长期受压变形的情况下,遗留钻孔均可形成漏风通道,且预留钻探孔内部具备较好的蓄热条件,可在煤柱内 2～3 m 范围诱发氧化以及向内部密闭采空区漏风,从而致使煤体不断升温氧化。

（6）在出现 CO 异常以前,回收密闭采空区内老巷中堆积的材料过程中将 2107、2108 密闭墙先后开闭两次,造成了因"呼吸"效应而加剧 2214 柱式工作面的漏风,从而加速了密闭采空区内煤柱破碎煤体的升温氧化自燃。

11.2.3 大型密闭采空区高温点初步判断

对于大面积采空区,曾有学者采用同位素测氡法判断采空区内高温点的位置,但实施难度大,操作复杂。本研究结合漏风流方向、CO 浓度分布、采空区内巷道布置、遗煤分布情况、预测模型等,综合分析高温点存在的位置。

在二盘区密闭采空区发现 CO 异常以后,迅速对各个部位进行气体检测。检测结果表明,多处密闭墙出现了 CO,其中 2214 斜横川墙前 CO 浓度最高达 $2.6×10^{-3}$,邻近的 2107、2108 巷口密闭墙处 CO 浓度高达 $5×10^{-4}$。由于 2214 工作面为柱式工作面,丢煤较多,碎煤量大,煤柱碎裂可能性大。且 644 探巷为裸巷,易导致向 2214 柱式工作面漏风量大,发生煤自燃的可能性较大。因为存在压差,二盘区密闭采空区的漏风方向为由 644 探巷一侧指向 5105 巷一侧,漏风风流经过 2214 柱式工作面,同样会增大该处煤自燃的可能性。初步判断在 2214 柱式工作面附近出现高温点,该高温点编号为高温点 1。如图 11-5 所示。

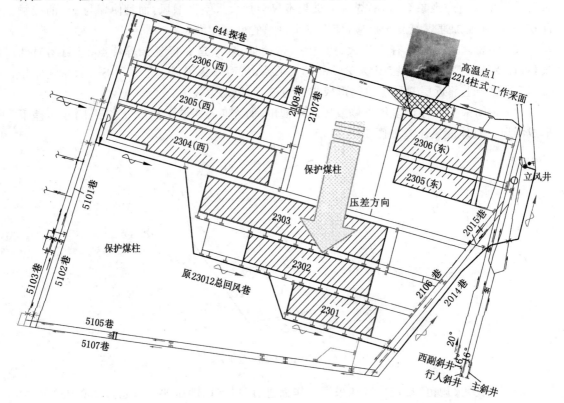

图 11-5　煤氧化高温点的位置

采取注氮措施一段时间后,只在23012巷1号密闭墙处持续检测到较高浓度CO,且在23012巷口防火墙处没有发现CO,综合密闭采空区内巷道及保护煤柱的布置情况,同时由于2301工作面停采线处为三角煤柱,容易受压碎裂,且该位置为总回风巷和2106巷的交岔点,漏风可能性及漏风量较大,推断2301工作面停采线附近可能也存在煤自燃高温点。

11.3 大型密闭采空区CO异常治理方案

11.3.1 CO异常综合治理方案

第9章持续漏风实验表明,当煤温超过临界温度71 ℃以后,升温速率突然增大,煤体温度快速升高,所以当发现煤矿井下CO异常时,应快速采取均压、封堵等减小漏风的措施,以阻止氧化进一步发生;当漏风减小时,由微漏风实验可知,煤体因为破碎程度大而吸附大量O_2时仍然能够继续发生氧化,从而导致煤温仍可继续上升,所以应在封堵以后尽快采取注氮或注浆的措施以达到进一步抑制的效果;密闭采空区由于设备搬家会反复开启部分密闭墙,而间断漏风实验恰恰验证了反复漏风造成的煤体反复氧化,煤体极易因呼吸漏风而诱发自燃,所以在采取灭火措施的同时应避免反复开启密闭墙而引发呼吸漏风。

根据第9章实验结论,在采取注氮防灭火时,当CO浓度降为零时煤温依然较高,单纯以CO浓度作为指标不能完全反映煤自燃状况,在煤温无法监测时应持续注氮。矿井采取注氮防灭火时,多采用膜分离制氮机制取N_2,所以在保证灭火效果的同时还应兼顾经济性。根据第9章实验结论可得,在注氮工作初期应采用大流量N_2,当CO浓度降至安全范围以后采取小流量持续注氮。

根据以上研究成果制定防灭火方案,具体方案为:

(1)调整通风系统;

(2)加固密闭墙和对巷道进行喷浆;

(3)初步确定高温点位置并注氮;

(4)在控制CO浓度后,对高温点注浆彻底熄灭火源。

确定23012巷1号密闭墙、23012巷口防火墙、五盘区总回风巷防火墙、2108巷口、2107巷口和2214斜横川口等6处为取样观测点,分别为测点1、测点2、测点3、测点4、测点5、测点6,各测点位置情况如图11-6所示。

11.3.2 均压及封堵防灭火技术

均压防灭火技术是设法降低采空区漏风区域两端压差,从而减少向采空区漏风供氧,达到抑制和窒息煤自燃的方法。均压防灭火具有在不影响工作面气密性的同时减少采空区漏风,从而加速密闭区(或采空区)里的空气惰化的特点,并且工程量小、投资少、见效快。一般而言,漏风到采空区主要通过四种途径:经过进风侧密闭、经过回风侧密闭、经过采空区下煤层、经过采空区上煤层或地面。根据通风阻力定律,作用于漏风通道两端的压差为:

$$H = RQn \qquad (11-1)$$

式中　H——漏风通道两端压差,Pa;

　　　Q——漏风风量,m^3/s;

　　　R——漏风通道风阻,kg/m^7 或 N/m^8;

　　　N——表示漏风风流流态的指数,$n=1\sim2$。

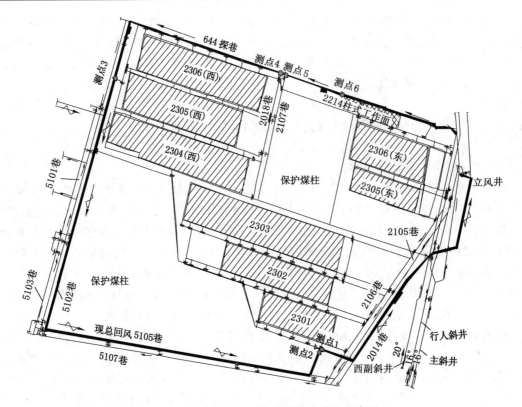

图 11-6　密闭采空区取样观测点位置示意图

为减少采空区漏风量,使 $Q \to 0$,应采取措施增大漏风通道风阻,使 $R \to \infty$,也可以采取措施使漏风通道两端的压差 $H \to 0$。

根据该煤矿井下通风实际情况,采取以下措施:

(1)调整通风系统

全面测定各盘区的总回风量、五盘区工作面及独立用风点的风量。

将靠近保护煤柱的 5105 巷调整为主要回风巷,644 探巷及 5107 巷作为进风巷。通风网络调整后 644 探巷进风量为 1 560 m³/min,5107 巷进风量为 2 380 m³/min,5105 回风巷的风量为 3 970 m³/min。调整后的风量可满足各个盘区生产需求。对原五盘区总回风巷的设备、管路及材料进行回收,最终实现彻底封闭。调整后通风系统如图 11-7 所示。

(2)加固密闭墙,减小采空区漏风

① 全面排查与二盘区密闭采空区连通的密闭墙,对其进行加固或重新修建永久密闭墙,以减小密闭墙漏风。

② 对无法重新修建的密闭墙,实施注浆加固处理,在墙体表面实施喷浆。在密闭采空区周围巷帮进行短钻孔注浆封堵及巷壁喷浆封堵,密闭采空区两侧漏风机制是 $p_1 > p_2$,如图 11-8 所示。采用封堵措施后,裂隙网络被封堵,密闭采空区两侧尽管有压差,但是没有形成通风通道的条件,因而密闭采空区内漏风现象可得到有效抑制,具体过程如图 11-9 所示。

③ 对二盘区上邻近层 9 号煤层进行漏风排查,修建密闭墙形成密闭区域,减小两个煤层之间的贯通漏风。

④ 对与二盘区相对应的地面进行排查,对原充填管路重新封闭。

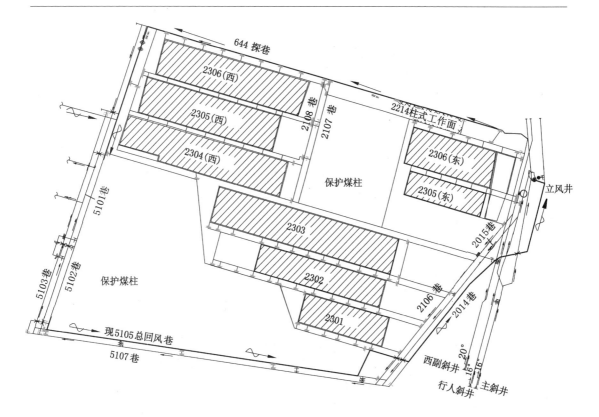

图 11-7 通风系统图

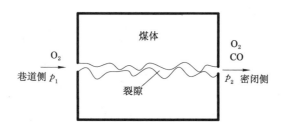

图 11-8 漏风形成机制

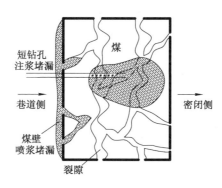

图 11-9 短钻孔注浆与壁面喷浆封堵效果示意图

11.3.3 注氮防灭火技术

N_2 是一种无色、无味、无臭、无毒的气体。在标准状态下，N_2 的密度为 1.250 5 kg/m³，与空气密度相差不大，与同体积的空气质量比为 0.967 3，其沸点为 77.19 K。在常温常压下，N_2 分子结构稳定，化学性质也很稳定，很难与其他物质发生化学反应，所以常用 N_2 作为防灭火的惰性气体。N_2 防灭火技术是利用制氮设备制取 N_2，通过管路注入采空区等煤炭可能自燃的区域，使之惰化，从而达到防灭火的目的。

针对二盘区密闭采空区实际情况，采用封闭灭火的方式，结合均压和封堵措施，防止因采空区漏风导致 N_2 随漏风流流失而减弱防灭火作用。由于二盘区密闭采空区为大型密闭采空区，漏风通道多，不可完全避免漏风现象，所以结合开放式注氮的特点，依据前述分析的高温点可能存在的位置，合理确定第一注氮点位置，具体如图 11-10 所示。

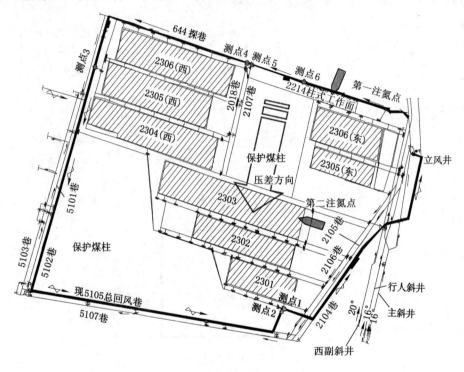

图 11-10 注氮位置确定和分布情况

根据经验公式(11-2)确定注氮流量：

$$Q_n = \frac{c_1 - c_2}{c_N + c_2 - 100} V_0 \tag{11-2}$$

式中 V_0——密闭采空区空间体积，m³；

Q_n——注氮流量，m³/min；

c_1——采空区内原 O_2 浓度，%；

c_2——注氮后采空区内欲达到的 O_2 浓度，%；

c_N——注入采空区的氮气中 O_2 的浓度，%。

根据式(11-2)求得注氮流量，再乘以 1.1~1.5 的系数，使之与实际情况接近。具体实施：在 644 探巷 2214 直横川处，对密闭采空区注 N_2。注氮参数见表 11-1。

表 11-1　注氮参数表

位　　置	孔口压力/kPa	浓度/%	流量/(m³/h)	当日累计注氮量/m³	注氮方式
2214 直横川 第一注氮点	870	97.3	1 012	18 400	连续注氮

根据 CO 浓度变化情况,调整注氮方式和位置。在注氮过程中,由于 23012 巷 1 号密闭墙内的 CO 浓度降至 2.0×10^{-4} 后一直未再下降,由此推断靠近回风侧煤体也存在高温点。但由于该密闭采空区空间较大,从第一注氮点注入的 N_2 在密闭空间中扩散浓度减小,不能对靠近回风侧的高温点达到淹没覆盖的效果,所以在 2303 工作面停采线煤柱上(23033 巷)设置第二注氮点,以增大靠近回风侧采空区内 N_2 浓度,具体位置如图 10-10 所示。调整后的各个注氮点的注氮参数如表 11-2 所示。

表 11-2　调整后的注氮参数表

位　　置	孔口压力/kPa	浓度/%	流量/(m³/h)	当日累计注氮量/m³	注氮方式
2214 直横川第一注氮点	752	97.5	1 010	16 980	连续注氮
23033 巷第二注氮点				3 652	

11.3.4　注浆防灭火技术

注浆防灭火技术是将不燃性的固体材料与水按适当的配比制成一定浓度的浆液,利用管道输送至可能发生或已经发生煤自燃的地点,以阻止自燃的发生或扑灭火灾。其灭火机理是:① 浆液充填煤岩裂隙及孔隙表面,阻碍 O_2 扩散,减小煤与 O_2 的接触和反应面积;② 浆液浸润煤体,增加煤体的含水量,水分吸热冷却煤体;③ 促进垮落煤岩的胶结,增大采空区的气密性。

根据二盘区密闭采空区 CO 浓度变化情况可知,23012 巷 1 号密闭墙处的 CO 浓度总体呈现下降趋势,但 CO 一直存在,而 23012 巷防火墙处未检测到 CO。23012 巷 1 号密闭墙为 2301 工作面采空区联络巷,而 23012 巷防火墙为原五盘区总回风巷防火墙,密闭采空区内压差指向 23012 巷 1 号密闭墙方向,所以密闭采空区漏风路径与压差方向一致。根据密闭采空区内巷道布置情况,结合采空区漏风路径,判定高温区域可能存在于 2301 工作面停采线附近,该位置附近浮煤较多且煤柱受压破碎程度大。使用注浆防灭火技术,在 2301 工作面停采线施工钻孔,对浮煤及破碎煤柱进行注浆覆盖,阻止煤炭进一步氧化,彻底治理二盘区密闭采空区 CO 异常。

钻孔位置设计如图 11-11 所示,钻孔注浆施工设计如下:

(1) 钻探设计

① 钻探设备:ZDY-1300 型钻机,ϕ50 mm 钻杆和 ϕ75 mm 钻头,ϕ108 mm 取芯钻头。

② 钻孔参数:本次钻探共 1 个钻场 3 个钻孔,具体钻孔施工参数如表 11-3 所示。

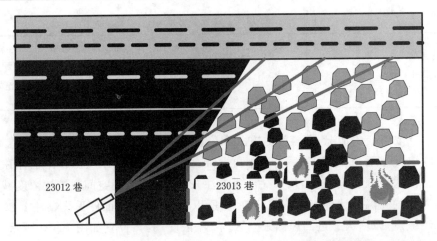

（a）剖面图

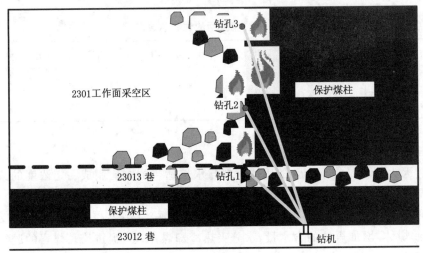

（b）平面图

图 11-11　钻孔位置示意图

表 11-3　钻孔施工参数

钻场位置	钻孔编号	方位角/(°)	倾角/(°)	水平距离/m	垂直距离/m	预计进尺/m	备注
23012 巷 2301 工作面停采线以西 1.5 m 处	1-1	15.5	8.8	31	4.8	31.4	钻孔施工至停采线顶板上方裂缝带
	1-2	16.2	5.9	41	4.3	41.2	
	1-3	14.8	4.3	51	3.8	51.1	

③ 孔口管加工：采用无缝钢管加工，见图 11-12。

（2）注浆材料选择

根据防治煤炭氧化、浆液不堵塞钻杆及成本经济要求，采用水土比为 3∶1，制成浆液后经 ϕ75 mm 钻孔对高温点进行注浆作业。黄泥浆须经过充分搅拌并筛分，以确保有效去除颗粒或凝结物。

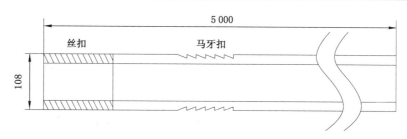

图 11-12 孔口管加工示意图

钻孔施工工艺:钻孔施工时必须首先在孔口安设孔口管,即用 ϕ108 mm 取芯钻头钻进 5 m,将孔口管塞入钻孔内,在距孔口 1.5 m 处缠麻丝并敲入孔内,向孔内注入水泥浆(要加入一定量的速凝剂),待凝固达到 8 h 后进行压水耐压实验,压力值达到 2 MPa 以上,30 min 内管壁周围不漏水即为合格。然后在孔口管法兰盘上安设控水阀门,在控水阀门内继续施工。

钻孔探透采空区出水后退出钻杆,关闭控水阀门,并接通排水系统。

11.4　本　章　小　结

(1) 大型密闭采空区由于浮煤厚度大、遗留煤柱多且受压破碎程度大,并且密闭采空区漏风面广、漏风源多、漏风通道不易查找等,煤自燃可能性较大。

(2) 结合漏风流方向、CO 浓度分布、密闭采空区内巷道布置、遗煤分布情况、预测模型等,可综合分析得出高温点可能存在的位置。

(3) 不合理风路设置易导致大型密闭采空区漏风严重,在满足工作面和盘区风量需求的前提下,调节经过密闭采空区巷道的风量,尽量减少密闭采空区因压差而引起的漏风。均压、封堵等措施投资少,见效快,工程量小,能有效减小密闭采空区漏风。

(4) 注氮、注浆是防止和控制密闭采空区遗煤进一步氧化的有效措施,尤其对大型密闭采空区而言,注浆是彻底熄灭高温点的有效措施。

12 煤自燃火区CO异常治理技术效果分析

对大型密闭采空区采取均压、封堵、注氮、注浆综合防灭火措施后,煤自燃得到有效抑制。本章根据对密闭采空区内外压力测试,得出密闭采空区两侧压差进而确定漏风程度;同时,将密闭采空区周围各测点CO、O_2浓度变化规律作为判断煤自燃情况的重要指标,通过监测数据并分析规律,不断调整防灭火方案。

12.1 均压、封堵防灭火技术效果分析

对密闭采空区采取调风均压、封堵等措施后,密闭采空区进回风两侧压差明显减小。调整通风系统后密闭采空区周围巷道气压分布如图12-1所示。

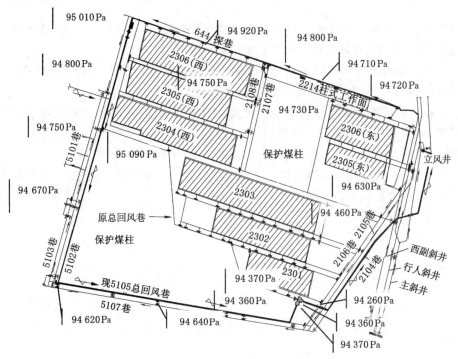

图12-1 密闭采空区周围巷道的气压分布

根据图12-1可知,通风线路调整后,总回风巷从原来的经过密闭采空区多个密闭墙,调整为经过保护煤柱,极大减小了密闭墙的漏风。调整后的密闭采空区周围压差得到了很好的控制,密闭采空区内部气压与进风侧的气压基本一致,而进风侧气压与回风侧气压差约为500 Pa。《矿井防灭火规范》规定进、回风两端压差不宜超过200 Pa,所以采取均压、封堵等

措施后在一定程度上虽有效抑制了因压差而形成的密闭采空区漏风,但仍存在漏风压差。所以单纯采用均压、封堵等减小漏风的措施对彻底抑制大型密闭采空区遗煤自燃难度较大,为防止持续漏风造成煤体快速升温,应进一步采取注氮、注浆防灭火措施。

12.2 注氮防灭火技术效果分析

12.2.1 第一注氮点防灭火效果分析

根据密闭采空区形成条件和 CO 浓度分布情况确定第一注氮点后,注入 N_2,N_2 在密闭采空区内的扩散规律如图 12-2 所示。

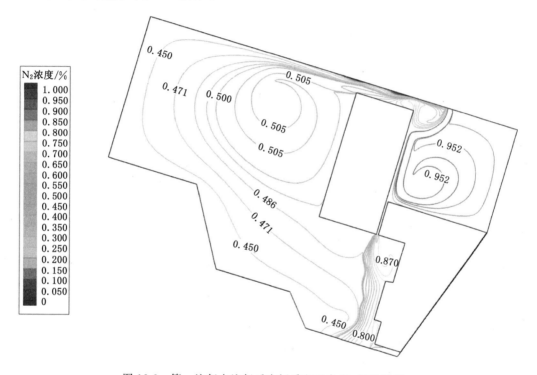

图 12-2 第一注氮点注氮后密闭采空区内 N_2 扩散规律

注氮位置设置于气压较高处,N_2 扩散方向与压差方向一致。利用漏风流的带动作用,将 N_2 送至每一处因漏风导致的煤自燃点,使得 N_2 在 CO 浓度较高的位置形成淹没式覆盖。

在发现 CO 异常后,迅速采取均压、封堵和注氮综合防灭火措施,各测点 CO 浓度总体呈下降趋势。各测点 CO 浓度变化情况如图 12-3 所示。从图 12-3 可以看出,在发现 CO 异常后,各测点 CO 浓度均迅速升高,测点 4 和测点 6 处在 1 d 时间内升至 2×10^{-3},这是由于漏风严重导致密闭采空区内 O_2 浓度较高,且煤体温度已超过临界温度,煤体快速氧化升温而发生自然发火。第 3 天开始注氮,开始注氮后,除测点 1、2 处 CO 浓度先升后降外,其余测点 CO 浓度均快速下降。这是由于测点 1、2 距离注氮口较远,向密闭采空区注入 N_2 后,N_2 不能很快扩散至此两点,反而将空气压至此处,从而导致氧化进一步发生。从第 8 天开始,N_2 逐渐扩散至此处,抑制煤体氧化自燃,从而导致 CO 浓度开始下降。当其余测点处

CO 浓度均降为 0 时,测点 1(23012 巷 1 号密闭墙)处 CO 浓度从最高的 1.25×10^{-3} 降至 2.3×10^{-4} 后一直在 1.5×10^{-4} 左右波动,说明在 N_2 覆盖的条件下,除测点 1 处煤体氧化持续发生外,其余各测点处自燃暂时得到控制。同时结合第 3 章实验可知,初期较大的注氮流量可使 CO 浓度迅速降低,N_2 除了抑制煤自燃外还有稀释、置换气体的作用。

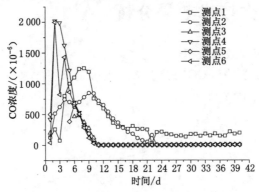

图 12-3　各测点 CO 浓度随时间变化情况

从图 12-3 中测点 4、5 的 CO 浓度数据可以看出,虽两点(分别为 2108、2107 巷口)距离较近,但测点 4 CO 浓度明显高于测点 5。这是因为 2108 巷回收设备,反复开启过 3 次,从而造成间断漏风引发煤自燃升温,同时反复漏风也诱发了漏风通道的形成。所以,2108 巷附近的煤体自燃程度更大,且其他区域形成的 CO 可以沿漏风通道扩散至此处。

各密闭墙处 CO 浓度快速降低的情况,说明注氮可获得较好的灭火效果,第一注氮点位置设置比较合理,同时也反映了高温点大致位置在 2214 柱式工作面至 2108 巷之间。

注氮开始后监测 O_2 浓度,各测点 O_2 浓度随着注氮的实施总体呈下降趋势,具体情况如图 12-4 所示。O_2 浓度从初始的 7%～10%,逐步降至 1.6%～5.2%,测点 1、测点 4、测点 5、测点 6 处的 O_2 浓度仍在 3% 以上。矿井惰化防灭火 O_2 浓度不应大于 3%,所以密闭采空区内 O_2 浓度不利于高温点的完全熄灭。同时从图中可以看出,初期各测点 O_2 浓度均较高,反映了该密闭采空区内部存在不同程度的漏风。注氮以后,O_2 浓度迅速下降,主要由于 N_2 的稀释及置换作用。

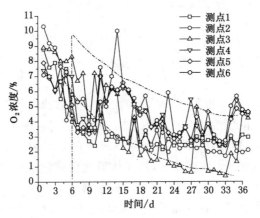

图 12-4　各测点 O_2 浓度随时间变化情况

对比 CO 浓度和 O_2 浓度,密闭采空区内 O_2 可以供给煤氧化自燃而导致 CO 浓度持续上升,由于注氮的持续进行,N_2 可形成保护氛围而阻止氧化进一步发生,此时如果停止注氮,煤体即有重氧化复升温的可能。

12.2.2 第二注氮点防灭火效果分析

在第二注氮点实施注氮后,回风侧的 N_2 浓度得到了增强,N_2 在密闭采空区内的分布规律如图 12-5 所示。

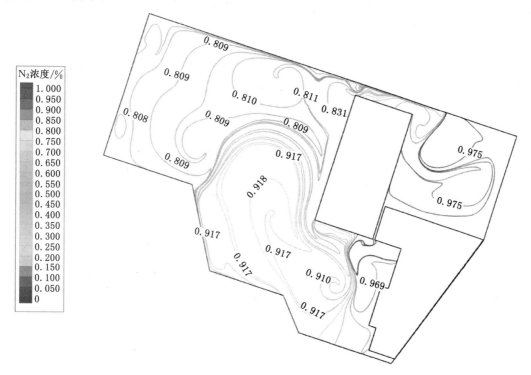

图 12-5 第二注氮点注氮后密闭采空区内 N_2 扩散规律

由预测模型图可以看出,在不考虑漏风流的前提下,两个注氮点同时注氮后,在靠近进、回风两侧的密闭采空区内 N_2 均能达到较高浓度,能很好地淹没高温点区域,从而可加强 N_2 防灭火的针对性,提高 N_2 防灭火效率。

第二注氮点初始注氮流量为 400 m^3/h,注氮后 CO 浓度由原来的平均 1.8×10^{-4} 降至 1.2×10^{-4},效果不明显。根据第 3 章实验结论,增大注氮流量(调整为 1 010 m^3/h),测点 1(23012 巷 1 号密闭墙)处 CO 浓度持续下降,最低降至 5.0×10^{-5}。CO 浓度变化情况如图 12-6 所示。

工程中暂停注氮后,短时间内测点 4、5 处出现浓度为 $6.0 \times 10^{-5} \sim 8.0 \times 10^{-5}$ 的 CO,恢复注氮后 CO 浓度迅速恢复为 0,如图 12-6 中圆圈处所示。这表明该密闭区受通风系统影响较明显,其是进回风路线跨过该区域造成的。第 70 天停止注氮观察,测点 1 处 CO 浓度持续升高至 1.42×10^{-4},其余各测点处均出现浓度约 5.0×10^{-5} 的 CO,说明停止注氮后出现高温点复燃。前述实验结果显示,在注氮期间,虽然 CO 浓度较低,但煤体温度可能依然较高,且在微漏风条件下,一旦停止注氮煤体即有复燃的可能。

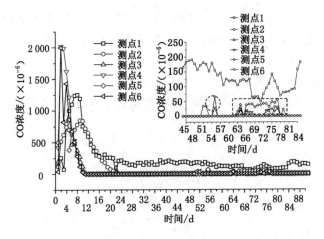

图 12-6　各测点 CO 浓度随时间变化情况

在停止注氮过程中，O_2 浓度呈持续上升趋势，如图 12-7 所示。且从图 12-7 可以看出，O_2 浓度不断波动，未能稳定在较低水平，这对密闭采空区防灭火非常不利，原因在于大型密闭采空区漏风源多、漏风面广，且漏风通道不易被彻底封堵。

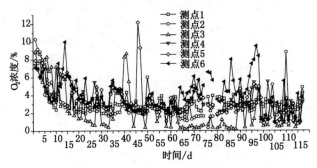

图 12-7　各测点 O_2 浓度随时间变化情况

由于该密闭采空区范围较大，难以完全通过 N_2 置换出密闭采空区内所有 CO，因此在 CO 浓度不出现持续上升的情况下，O_2 浓度的变化成为煤自燃的重要判断依据。若密闭采空区内出现 O_2 浓度上升情况，则表明存在漏风现象，煤自燃将持续发生。

由于测点 1 处 CO 浓度持续稳定在 $5.0×10^{-5}$ 左右，再次停止注氮进行观察，测点 1 处 CO 浓度开始缓慢上升并最终达到 $1.128×10^{-3}$。再次验证了第 3 章实验结论，即注氮可将 CO 浓度控制在较低范围，但煤温可能依然较高，煤体不断发生缓慢氧化，当停止注氮后，在持续漏风条件下煤体氧化就会加剧。再次注氮后，CO 浓度迅速降至 $2.3×10^{-5}$ 并一直维持在 $2.5×10^{-5}$ 左右，如图 12-8 所示。从图 12-8 可以看出，停止注氮，CO 浓度上升，开始注氮，CO 浓度迅速下降，说明注氮阻止了 CO 的产生，但未彻底熄灭高温点。

12.2.3　密闭采空区注氮降低 CO 浓度机理分析

N_2 注入采空区后，对 CO 既有抑制同时也有稀释的作用。如果仅考虑 N_2 对 CO 的稀释作用，且认为 N_2 注入采空区以后能与其他气体充分混合，在此条件下，分析 N_2 对密闭采空区内 CO 的稀释作用。

设密闭采空区空间体积为 V_0，密闭采空区内原有 CO 含量为 a_0（体积），则原有 CO 浓

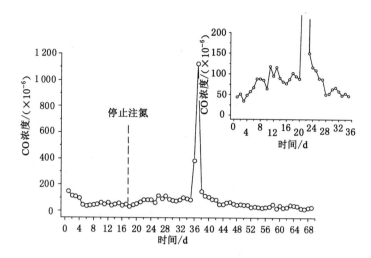

图 12-8 停止注氮后 23012 巷 1 号密闭墙(测点 1)处 CO 浓度变化情况

度为 $c_0 = \dfrac{a_0}{V_0}$，设注氮流量为 $m(\mathrm{m^3/h})$，则向采空区内注入 N_2 量为 mt(t 为时间)。

假设密闭采空区体积不可压缩，则进、出密闭采空区气体的示意图如图 12-9 所示。

图 12-9 进、出密闭采空区气体示意图

若时间 t 足够小，则 t_1 时刻 CO 残余量为：

$$a_1 = a_0 - \frac{a_0}{V_0}\Delta m\, t_1 \quad (m\, t_1 \ll V_0)$$

t_1 时刻 CO 浓度为：

$$c_1 = \frac{a_1}{V_0}$$

t_2 时刻 CO 残余量为：

$$a_2 = a_1 - \frac{a_1}{V_0}\Delta m\, t_2$$

t_2 时刻 CO 浓度为：

$$c_2 = \frac{a_2}{V_0}$$

以此类推，t_n 时刻 CO 残余量为：

$$a_n = a_{n-1} - \frac{a_{n-1}}{V_0}\Delta m\, t_n$$

t_n 时刻 CO 浓度为：

$$c_n = \frac{a_n}{V_0}$$

进行迭代计算,可以获得 CO 浓度与时间的关系,如图 12-10 所示。

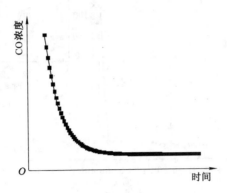

图 12-10　注氮条件下 CO 浓度与时间的关系图

如图 12-10 所示,当向密闭采空区注入 N_2 后,初期 CO 浓度快速下降并达到较低水平,持续注氮时,CO 浓度下降速度缓慢并趋于平缓。在注氮防灭火的实际工程中,煤体会持续氧化释放 CO。第 11 章实验中 CO 浓度变化及工程实测 CO 浓度随注氮的变化规律,与图中规律吻合度较高,而图中规律以无持续产生 CO 为前提。这说明在实验条件和工程实际中,当向密闭采空区注入 N_2 以后,不仅会将 CO 随漏风持续排除,同时可很大程度抑制煤自燃的发生。

12.3　深部火区膨胀封堵灭火效果分析

在进行长时间持续注氮后,测点 1(23012 巷的 1 号密闭墙)处 CO 浓度一直处于 2.5×10^{-5} 左右波动,未降至《煤矿安全规程》规定的 2.4×10^{-5} 以下。如果继续注氮,可能并不能在短时间内将高温点彻底熄灭,从而增加经济和时间成本。而根据密闭采空区注氮条件下 CO 浓度与时间关系的规律,持续注氮很难将密闭采空区内原始 CO 全部排净,所以该工程实际中残留的 CO 是原始 CO 还是新氧化产生的 CO 无法准确判断,从而无法准确确定密闭采空区高温点是否仍然存在。所以结合工程实际情况,停止注氮,在浆液中添加膨胀封堵灭火材料,并开始向火区注入浆液。

2301 工作面停采线处为三角形保护煤柱,长时间受压和采动影响造成煤柱上存在破碎区域。在漏风条件下,破碎煤体内易形成高温点。注浆终孔设计在 2301 工作面停采线处,注浆孔为 3 个。1 号孔注入浆液量约 1 200 m^3 后,CO 浓度出现下降趋势,从 2.5×10^{-5} 降至最低 1.2×10^{-5},但随后有回升趋势。之后 2 号孔注入浆液量约 1 700 m^3 后,CO 浓度降至 6.0×10^{-6}。随着注入浆液量越来越大,CO 浓度降至 0。从图 12-11 可以看出,开展注浆防灭火以后,CO 浓度呈阶梯状下降,说明随着注浆终孔位置距高温点越来越近及浆液量覆盖面积越来越大,防灭火效果越来越明显。为加固注浆效果,3 号孔按计划再注入浆液量约 1 000 m^3。根据图中 CO 浓度变化情况,可知高温点位置判断准确,注浆位置确定准确,注浆孔数量确定合理,达到了彻底熄灭高温点的作用效果。

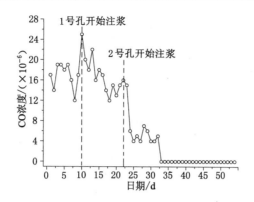

图 12-11　注浆前后 23012 巷 1 号密闭墙(测点 1)处 CO 浓度变化情况

12.4　本 章 小 结

本章对均压、封堵、注氮、注浆综合治理 CO 异常技术的效果进行分析,获得了密闭采空区在采取防灭火措施时,密闭采空区压差、CO 浓度、O_2 浓度等反映煤自燃情况的指标的变化规律;得到了不同技术措施及综合措施的防灭火效果。

(1)均压、封堵措施可以减小密闭采空区漏风,但是作用有限。在单纯减小密闭采空区漏风时,煤体在未漏风状态下可能继续氧化升温,所以应及时辅以注氮、注浆防灭火措施。

(2)采取注氮防灭火措施时,当密闭采空区内 CO 浓度短时间内降至 0,不能判断煤自燃已停止,只要密闭采空区内再次漏风,高温点仍会出现复燃现象,应加强定期检测 CO 浓度和 O_2 浓度变化情况,持续注氮。

(3)通过分析 N_2 稀释密闭采空区内 CO 浓度机理可得,N_2 对 CO 稀释作用与工程和实验中 N_2 对 CO 控制效果高度吻合,即初期使 CO 浓度下降速度快,后期较慢;同时可得,N_2 不仅可稀释 CO,还可有效抑制 CO 再生。

(4)第一注氮点距高温点较近,对高温点达到了长时间高浓度 N_2 淹没覆盖的目的,防灭火效果明显;第二注氮点距高温点较远,到达高温区域的 N_2 浓度较低,防灭火效果不明显,耗时较长。

(5)采取注浆措施时,在注氮条件下 CO 浓度持续不降的情况得到彻底改善;随着注浆工作的阶段性开展,CO 浓度呈阶梯状下降,最终降至 0。在注浆位置判断准确的前提下,注浆防灭火效果优于注氮。

(6)治理大型密闭采空区煤自燃,单一的防灭火措施效果不明显,应根据工程实际情况应用多措并举的综合治理技术。

参 考 文 献

[1] 谢和平,周宏伟,薛东杰,等.煤炭深部开采与极限开采深度的研究与思考[J].煤炭学报,2012,37(4):535-542.

[2] 何满潮,谢和平,彭苏萍,等.深部开采岩体力学研究[J].岩石力学与工程学报,2005,24(16):2803-2813.

[3] 彭苏萍.深部煤炭资源赋存规律与开发地质评价研究现状及今后发展趋势[J].煤,2008,17(2):1-12.

[4] 郭文兵,李小双.深部煤岩体高温高围压下力学性质的研究现状与展望[J].河南理工大学学报(自然科学版),2007,26(1):16-20.

[5] 谢和平,彭苏萍,何满潮.深部开采基础理论与工程实践[M].北京:科学出版社,2006:57-65.

[6] LAUBACH S E,MARRETT R A,OLSON J E,et al. Characteristics and origins of coal cleat:a review[J]. International journal of coal geology,1998,35(1/4):175-207.

[7] YUAN L. Theory of pressure-relieved gas extraction and technique system of integrated coal production and gas extraction[J]. Journal of China coal society,2009,34(1):1-8.

[8] 杨永锋,李全根.局部降温技术在平煤十矿的研究与应用[J].煤炭工程,2009(10):52-54.

[9] 王德明.矿井火灾学[M].徐州:中国矿业大学出版社,2008:47-53.

[10] 李增华.煤炭自燃的自由基反应机理[J].中国矿业大学学报,1996,25(3):111-114.

[11] MARTINA R R,MCINTYREA N S,WINDER C G,et al. Detection of low temperature oxidation of coal on a microscopic scale using secondary ion mass spectrometry [J]. Fuel,1986,65(9):1313-1314.

[12] LOPEZ D,SANADA Y,MONDRAGON F. Effect of low-temperature oxidation of coal on hydrogen-transfer capability[J]. Fuel,1998,77(14):1623-1628.

[13] WANG H H,DLUGOGORSKI B Z,KENNEDY E M. Theoretical analysis of reaction regimes in low-temperature oxidation of coal[J]. Fuel,1999,78(9):1073-1081.

[14] 舒新前.煤炭自燃的热分析研究[J].中国煤田地质,1994,25(2):25-29.

[15] 彭本信.应用热分析技术研究煤的氧化自燃过程[J].煤矿安全,1990(4):1-12.

[16] 张玉龙.基于宏观表现与微观特性的煤低温氧化机理及其应用研究[D].太原:太原理工大学,2014.

[17] 马汉鹏,陆伟,王德明,等.煤自燃过程物理吸附氧的研究[J].煤炭科学技术,2006,34(7):26-29.

[18] 文虎,许满贵,王振平,等.地温对煤炭自燃的影响[J].西安科技大学学报 2001,21(1):

1-3.

[19] 马砺,雷昌奎,王凯,等.高地温环境对煤自燃极限参数的影响研究[J].煤炭工程, 2015,47(12):89-92.

[20] 邓军,王凯,翟小伟,等.高地温环境对煤自燃特性影响的试验研究[J].煤矿安全, 2014,45(3):13-15.

[21] 邓军,赵婧昱,张嬿妮,等.不同变质程度煤二次氧化自燃的微观特性试验[J].煤炭学 报,2016,41(5):1164-1172.

[22] 邓军,赵婧昱,张嬿妮,等.煤样两次程序升温自燃特性对比实验研究[J].西安科技大 学学报,2016,36(2):157-162.

[23] 张辛亥,李青蔚.预氧化煤自燃特性试验研究[J].煤炭科学技术,2014,42(11):37-40.

[24] SARGEANT J,BEAMISH B B,CHALMERS D. Times to ignition analysis of New South Wales[C]//2009 Coal Operators Conference,2009:254-358.

[25] WANG H H,DLUGOGORSKI B Z,KENNEDY E M. Coal oxidation at low tempera-tures:oxygen consumption, oxidation products, reaction mechanism and kinetic modelling[J]. Progress in energy and combustion science,2003,29(6):487-513.

[26] PIETRZAK R,WACHOWSKA H. Low temperature oxidation of coals of different rank and different sulphur content[J]. Fuel,2003,82(6):705-713.

[27] JIANG X M,ZHENG C G,YAN C,et al. Physical structure and combustion proper-ties of super fine pulverized coal particle[J]. Fuel,2002,81(6):793-797.

[28] 邓军,徐精彩,李莉.松散煤体中氧气扩散系数的实验研究[J].中国矿业大学学报, 2003,32(1):145-147.

[29] 冯酉森.煤微观孔隙结构与自燃特性的相关性研究[D].太原:太原理工大学,2015.

[30] 孟巧荣.热解条件下煤孔隙裂隙演化的显微 CT 实验研究[D].太原:太原理工大 学,2011.

[31] 蒋曙光,王豫皖,田洪波,等.低温氧化过程中不同变质程度煤体的孔隙发育规律[J]. 黑龙江科技大学学报,2017,27(5):477-480.

[32] ZHOU H W,ZHONG J C,REN W G,et al. Characterization of pore-fracture net-works and their evolution at various measurement scales in coal samples using X-ray μCT and a fractal method[J]. International journal of coal geology,2018,189:35-49.

[33] 秦跃平,宋宜猛,杨小彬,等.粒度对采空区遗煤氧化速度影响的实验研究[J].煤炭学 报,2010,35(增 1):132-135.

[34] KÜÇÜK A,KADIOĞLU Y,GÜLABOĞLU M Ş. A study of spontaneous combus-tion characteristics of a turkish lignite:particle size,moisture of coal,humidity of air [J]. Combustion and flame,2003,133(3):255-261.

[35] 于水军,余明高,谢锋承,等.无机发泡胶凝材料防治高冒区托顶煤自燃火灾[J].中国 矿业大学学报,2010,39(2):173-177.

[36] PAN R K,CHENG Y P,YU M G,et al. Experimental study of new composite mate-rial to restraining coal oxidation[J]. Research journal of chemistry and environment,

2012,16(1):35-38.

[37] 潘荣锟,程远平,余明高,等.防控采面瓦斯燃烧新技术实验研究[J].煤炭学报,2012,
37(11):1854-1858.

[38] 余明高,王清安,范维澄,等.煤层自然发火期预测的研究[J].中国矿业大学学报,
2001,30(4):384-387.

[39] 梁晓瑜,王德明.水分对煤炭自燃的影响[J].辽宁工程技术大学学报(自然科学版),
2003,22(4):472-474.

[40] 何启林,王德明.煤水分含量对煤吸氧量与放热量影响程度的测定[J].中国矿业大学
学报,2005,34(3):358-361.

[41] WANG H H,DLUGOGORSKI B Z,KENNEDY E M. Experimental study on low-tempera-
ture oxidation of an australian coal[J]. Energy & fuels,1999,13(6):1173-1179.

[42] WILCOX J,RUPP E,YING S C,et al. Mercury adsorption and oxidation in coal com-
bustion and gasification processes[J]. International journal of coal geology,2012,90:
4-20.

[43] LI X C,SONG H,WANG Q,et al. Experimental study on drying and moisture re-adsorp-
tion kinetics of an Indonesian low rank coal[J]. Journal of environmental sciences,2009,
21(s1):127-130.

[44] 周福宝,刘玉胜,刘应科,等.综放工作面"U+I"通风系统与煤自燃的关系[J].采矿与
安全工程学报,2012,29(1):131-134.

[45] 赵聪,陈长华.基于模糊渗流理论的采场自然发火[J].辽宁工程技术大学学报(自然科
学版),2009,28(增刊):31-33.

[46] 杨胜强,徐全,黄金,等.采空区自燃"三带"微循环理论及漏风流场数值模拟[J].中国
矿业大学学报,2009,38(6):769-773,788.

[47] 杨永良,李增华,高思源,等.松散煤体氧化放热强度测试方法研究[J].中国矿业大学
学报,2011,40(4):511-516.

[48] 潘荣锟,王力,陈向军,等.卸载煤体渗透特性及微观结构应力效应研究[J].煤炭科学
技术,2013,41(7):75-78.

[49] PAN R K,LI C,FU D,et al. Micromechanism of spontaneous combustion and oxida-
tion of an unloaded coal under repeated disturbance[J]. International journal of
energy research,2019,43(3):1303-1311.

[50] 孟现臣.深部开采综放工作面煤层自燃防治技术[J].矿业安全与环保,2010,37(1):
72-74.

[51] 闻全.深部开采矿井煤炭自然发火防治技术[J].煤炭科学技术,2008,36(7):
57-59,91.

[52] EVANS I,POMEROY C D,BERENBAUM R. The compressive strength of coal[J].
Colliery engineering,1961,38:75-81.

[53] HOBBS D W. The strength and the stress-strain characteristics of coal in triaxial
compression[J]. The journal of geology,1964,72(2):214-231.

[54] BIENIAWSKI Z T. The effect of specimen size on compressive strength of coal[J]. Interna-

tional journal of rock mechanics and mining science & geomechanics abstracts,1968,5(4):
325-335.

[55] ATKINSON R,KO H. Strength characteristics of U. S. coals[C]//Proc. 18th US Symp. Rock Mech. ,Golden:Colorado School of Mines Press,1977:3-12.

[56] ETTINGER I L,LAMBA E G. Gas medium in coal breaking process[J]. Fuel,1957, 36(3):298-302.

[57] AZIZ N I,WANG M L. The effect of sorbed gas on the strength of coal—an experimental study[J]. Geotechnical and geological engineering,1999,17:387-402.

[58] 尹光志.岩石力学中的非线性理论与冲击地压预测的研究[D].重庆:重庆大学,1999.

[59] 尹光志,王登科,张东明,等.两种含瓦斯煤样变形特性与抗压强度的实验分析[J].岩石力学与工程学报,2009,28(2):410-417.

[60] 李彦伟,姜耀东,杨英明,等.煤单轴抗压强度特性的加载速率效应研究[J].采矿与安全工程学报,2016,33(4):754-760.

[61] 左建平,刘连峰,周宏伟,等.不同开采条件下岩石的变形破坏特征及对比分析[J].煤炭学报,2013,38(8):1319-1324.

[62] 张军,杨仁树.深部脆性岩石三轴卸荷实验研究[J].中国矿业,2009,18(7):91-93.

[63] GUO Y T,YANG C H,MAO H J. Mechanical properties of Jintan mine rock salt under complex stress paths[J]. International journal of rock mechanics and mining sciences,2012,56:54-61.

[64] 周世宁,林柏泉.煤层瓦斯赋存与流动理论[M].北京:煤炭工业出版社,1999:51.

[65] 林柏泉,周世宁.含瓦斯煤体变形规律的实验研究[J].中国矿业学院学报,1986(3): 9-16.

[66] 孟召平,王保玉,谢晓彤,等.煤岩变形力学特性及其对渗透性的控制[J].煤炭学报, 2012,37(8):1342-1347.

[67] 王广荣,薛东杰,郜海莲,等.煤岩全应力-应变过程中渗透特性的研究[J].煤炭学报, 2012,37(1):107-112.

[68] 许江,李波波,周婷,等.加卸载条件下煤岩变形特性与渗透特征的试验研究[J].煤炭学报,2012,37(9):1493-1498.

[69] DAVIS J D,BYRNE J F. An adiabatic method for studying spontaneous heating of coal[J]. Journal of the American Ceramic Society,1924,7(11):809-816.

[70] 刘乔,王德明,仲晓星,等.基于程序升温的煤层自然发火指标气体测试[J].辽宁工程技术大学学报(自然科学版),2013,32(3):362-366.

[71] 戴广龙.煤低温氧化过程中自由基浓度与气体产物之间的关系[J].煤炭学报,2012, 37(1):122-126.

[72] 张嬿妮,李士戎,罗振敏,等.基于油浴程序升温试验系统的煤自燃特性研究[J].煤炭科学技术,2010,38(8):85-88.

[73] 王伟峰,葛令建,任晓东,等.瓦斯异常区煤自燃特性参数实验研究[J].能源与环保, 2017,39(4):40-43.

[74] 褚廷湘,杨胜强,孙燕,等.煤的低温氧化实验研究及红外光谱分析[J].中国安全科学

学报,2008,18(1):171-176.

[75] 余明高,郑艳敏,路长,等.煤自燃特性的热重-红外光谱实验研究[J].河南理工大学学报(自然科学版),2009,28(5):547-551.

[76] 张国枢,谢应明,顾建明.煤炭自燃微观结构变化的红外光谱分析[J].煤炭学报,2003,28(5):473-476.

[77] 琚宜文,姜波,侯泉林,等.构造煤结构成分应力效应的傅里叶变换红外光谱研究[J].光谱学与光谱分析,2005,25(8):1216-1220.

[78] 郑庆荣,曾凡桂,张世同.中变质煤结构演化的FT-IR分析[J].煤炭学报,2011,36(3):481-486.

[79] BRUENING F A,COHEN A D. Measuring surface properties and oxidation of coal macerals using the atomic force microscope[J]. International journal of coal geology,2005,63(3-4):195-204.

[80] CALEMMA V,PIERO G D,RAUSA R,et al. Changes in optical properties of coals during air oxidation at moderate temperature[J]. Fuel,1995,74(3):383-388.

[81] 杨波,王坤,艾兴.弱黏煤氧化过程中的燃点及微观结构变化特性研究[J].煤矿安全,2019,50(1):25-28.

[82] 唐一博,李云飞,薛生,等.长期水浸对不同烟煤自燃参数与微观特性影响的实验研究[J].煤炭学报,2017,42(10):2642-2648.

[83] 叶彦春,郭燕文,黄学斌.有机化学实验[M].2版.北京:北京理工大学出版社,2014:98-99.

[84] 李鑫.浸水风干煤体自燃氧化特性参数实验研究[D].徐州:中国矿业大学,2014.

[85] 谢振华,金龙哲,宋存义.程序升温条件下煤炭自燃特性[J].北京科技大学学报,2003,25(1):12-14.

[86] 邓军,赵婧昱,张嫄妮,等.基于指标气体增长率分析法测定煤自燃特征温度[J].煤炭科学技术,2014,42(7):49-52,56.

[87] ZHOU C S,ZHANG Y L,WANG J F,et al. Study on the relationship between microscopic functional group and coal mass changes during low-temperature oxidation of coal[J]. International journal of coal geology,2017,171:212-222.

[88] PETERSEN H I,ROSENBERG P,NYTOFT H P. Oxygen groups in coals and alginite-rich kerogen revisited[J]. International journal of coal geology,2008,74(2):93-113.

[89] SONG H J,LIU G R,ZHANG J Z,et al. Pyrolysis characteristics and kinetics of low rank coals by TG-FTIR method[J]. Fuel processing technology,2017,156:454-460.

[90] PAN R K,LI C,FU D,et al. The study on oxidation characteristics and spontaneous combustion micro-structure change of unloading coal under different initial stress[J]. Combustion science and technology,2019,43:1-13.

[91] 赵辉,熊祖强,王文.矿井深部开采面临的主要问题及对策[J].煤炭工程,2010(7):11-13.

[92] 潘荣锟,付栋,陈雷,等.不同漏风条件下卸荷煤体氧化特性研究[J].煤炭科学技术,

2018,46(1):133-138.

[93] PAN R K,CHENG Y P,YU M G,et al. New technological partition for "three zones" spontaneous coal combustion in goaf[J]. International journal of mining science and technology,2013,23(4):489-493.

[94] 潘荣锟,陈雷,余明高,等.不同初始应力下卸荷煤体氧化特性研究[J].煤炭学报, 2017,42(9):2369-2375.

[95] 邓军,徐精彩,徐通模,等.煤自燃性参数的测试与应用[J].燃料化学学报,2001, 29(6):553-556.

[96] 邓军,徐精彩,李莉,等.煤的粒度与耗氧速度关系的试验研究[J].西安交通大学学报, 1999,33(12):106-107.

[97] 徐精彩,文虎,葛岭梅,等.松散煤体低温氧化放热强度的测定和计算[J].煤炭学报, 2000,25(4):387-390.

[98] 潘荣锟,马刚,余明高,等.复杂漏风条件下煤体反复氧化与温升特性实验研究[J].河南理工大学学报(自然科学版),2017,36(3):34-39.

[99] 王继仁,邓存宝.煤微观结构与组分量质差异自燃理论[J].煤炭学报,2007,32(12): 1291-1296.

[100] 韩峰,张衍国,蒙爱红,等.云南褐煤结构的FTIR分析[J].煤炭学报,2014,39(11): 2293-2299.

[101] 王彩萍,邓军,王凯.不同煤阶煤氧化过程活性基团的红外光谱特征研究[J].西安科技大学学报,2016,36(3):320-323.

[102] 季伟,吴国光,孟献梁,等.神府煤孔隙特征及活性结构对自燃的影响研究[J].煤炭技术,2011,30(4):87-90.

[103] 许涛.煤自燃过程分段特性及机理的实验研究[D].徐州:中国矿业大学,2012.

[104] 孟宪明.煤孔隙结构和煤对气体吸附特性研究[D].青岛:山东科技大学,2007.

[105] 张玉涛,王都霞,仲晓星.水分在煤低温氧化过程中的影响研究[J].煤矿安全,2008, 38(11):1-4.

[106] 霍多特 B B.煤与瓦斯突出[M].宋士钊,王佑安,译.北京:中国工业出版社,1966: 27-28.

[107] 胡新星.煤岩多孔材料的显微结构特征和吸附性研究[D].成都:成都理工大学,2011.

[108] 郭卫坤,屈争辉,余坤,等.无烟煤液氮吸附测试的粒度效应[J].煤矿安全,2016, 47(4):63-67.

[109] 张树光,赵亮,徐义洪.裂隙岩体传热的流热耦合分析[J].扬州大学学报(自然科学版),2010,13(4):61-64.

[110] 黄奕斌,张延军,于子望,等.考虑多级流速下的岩石粗糙单裂隙渗流传热特性试验研究[J].岩石力学与工程学报,2019,38(1):2654-2667.

[111] REN L F,DENG J,LI Q W,et al. Low-temperature exothermic oxidation characteristics and spontaneous combustion risk of pulverised coal[J]. Fuel,2019,252:238-245.

[112] ZHANG Y Y, GUO Y X, CHENG F Q, et al. Investigation of combustion characteristics and kinetics of coal gangue with different feedstock properties by

thermogravimetric analysis[J]. Thermochimica acta,2015,614:137-48.

[113] DENG J,REN L F,MA L,et al. Effect of oxygen concentration on low-temperature exothermic oxidation of pulverized coal[J]. Thermochimica acta,2018,653:102-111.

[114] 张俊婷,崔小朝,王宥宏. 流体遇障碍物后流动的初步发展数值模拟[J]. 太原科技大学学报,2013,34(1):64-68.

[115] GOSHAYESHI B,SUTHERLAND J C. A comparative study of thermochemistry models for oxy-coal combustion simulation[J]. Combustion and flame,2015,162(10):4016-4024.

[116] NI G H,LI Z,XIE H C. The mechanism and relief method of the coal seam water blocking effect(WBE) based on the surfactants[J]. Powder technology,2018,323:60-68.

[117] LU Y. Laboratory study on the rising temperature of spontaneous combustion in coal stockpiles and a paste foam suppression technique[J]. Energy & fuel,2017,31(7):7290-7298.

[118] 李夏青. 煤低温吸氧特性实验研究[D]. 西安:西安科技大学,2011.

[119] TANG Y B,XUE S. Influence of long-term water immersion on spontaneous combustion characteristics of Bulianta bituminous coal[J]. International journal of oil gas and coal technology,2017,14(4):398-411.

[120] QI X Y,LI Q Z,ZHANG H J,et al. Thermodynamic characteristics of coal reaction under low oxygen concentration conditions[J]. Journal of the energy institute,2017,90(4):544-555.

[121] CUI C B,JIANG S G,SHAO H,et al. Experimental study on thermo-responsive inhibitors inhibiting coal spontaneous combustion[J]. Fuel processing technology,2018,175:113-122.

[122] LI J H,LI Z H,YANG Y L,et al. Laboratory study on the inhibitory effect of free radical scavenger on coal spontaneous combustion[J]. Fuel processing technology,2018,171:350-360.

[123] TANG Y B,LI Z H,YANG Y I,et al. Effect of inorganic chloride on spontaneous combustion of coal[J]. Journal of the Southern African Institute of Mining and Metallurgy,2015,115(2):87-92.